大牌出版

這是一個好問題

這是為什麼

1

科學素養，不僅由答案引領，更由問題驅動。
喜歡問問題，答案就變簡單了！

中山大學天文與空間科學研究院院長

李淼 —— 著

垂垂 —— 插畫

CONTENTS

第 2 章 規律，
是解決問題的武器 093

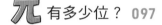

第 **3** 章　學會質疑

推薦序

培養科學素養，
提問比答案更有用

臉書粉絲頁「阿魯米玩科學」版主／**盧俊良**

　　日常生活中，孩子們常提出稀奇古怪的問題，身為大人的家長、老師們，也常常被這些看似無厘頭的問題嚇一跳。在答不出來的窘況下，最常見的解決方法就是顧左右而言他，打發一下孩子，就把問題拋到九霄雲外。

　　但是，對孩子來說，能提出問題，代表他們對這個世界存有好奇心，而且期望與世界做連結，問題越多的孩子，其觀察力也越敏銳。因此，透過孩子的問題，培養他們對事物的好奇心，知道如何觀察與提問；利用科學方法與科學的態度，和孩子們一起搜尋資料與討論，除了獲得科學的知識，也能增加孩子探索世界的動力。

　　近來深受家長們關心的108課綱強調「以學生為主體」的教學方式，希望教學內容不僅限於課本內，孩子也能將知識延伸至日常生活。

　　《這是一個好問題 1：這是為什麼》、《這是一個好問題 2：那會怎麼樣》這套書所收錄的問題，就是很好的課外讀物。

　　比方說，「宇宙大爆炸的瞬間，發生了什麼？」、「騎腳踏車為什麼不會倒？」、「聖母峰的高度，是怎麼測出來的？」**在森羅萬象的問題中，不僅包含了數學、地球科學、天文學、物理學等專業領域，亦有別於以往需要大量記憶、背誦的學習內容**，並連結 108 課綱所注重的素養能力及應用——將各科的知識內容融會貫通，應用於現實生活。

　　這套書收錄的問題，大部分都來自於小朋友生活中的觀察，也呼應了 108 課綱核心素養基礎下的能力培養，首重讓孩子自己發掘問題、思考，並找到方法解決問題，以及習得反思能力。

　　本書作者李淼，身為學識豐富的物理學家，針對這些問題，沒有因發問者是學生而馬虎，而是透過淺顯易懂的文字與精美的插圖，傳遞平易近人的科學知識；讓孩子透過閱讀解開疑惑時，也能保持學習熱忱，從生活中發掘更多意想不到的問題。還有，藉由觸發更多的探究動機，建立孩子的科學素養，並整合跨領域、跨專業的資訊，達到接收多元訊息、拓展視野，以及整合知識的目的。

　　除了學科知識的「硬實力」外，期許各位讀者透過這套書，也能培養出素養教育所需的「軟實力」。

序言

這是一個好問題，
這是為什麼？

　　一直覺得人類之所以能成為地球上最聰明的動物，主要是因具備兩大技能：一，擁有一套完備的語言溝通技巧，能夠表達自己的想法；二，擁有邏輯思維和推理能力，這是人類社會得以不斷發展的基礎。

　　大部分的人都是先學習語言，再學習更抽象的科學知識。因此，有人對理科不感興趣，總覺得它很枯燥，這也很正常，只是不免讓人覺得有些遺憾。

　　我們該如何激發孩子對科學的興趣？最好的方法就是閱讀，因為相較於學校教科書來說，課外的科普書有趣多了。

　　我從事科普工作二十多年，接觸到的讀者、聽眾大都是成年人。一直到 2015 年，線上課程興起，我剛好有機會教孩子科學知識，而且那次講的還是不好懂的量子力學（Quantum mechanics）。沒想到，講課效果卻出奇的好。我想，成功的祕訣就是用故事介紹抽

象的物理學知識。後來，我又陸續出版了《給孩子講量子力學》等「大科學家講給小朋友的前沿物理學」系列的其他 3 本書。

現在大家打開的《這是一個好問題 1：這是為什麼》，對我來說是全新的嘗試。

這套書共兩冊，收錄了 123 個問題。特別的是，這些問題都不是我自己想的，而是**很多孩子和曾經是孩子的大人提出來的**。這一點很重要——我們應該讓讀者，而非創作者或出版者提出問題，畢竟**讀者感興趣的問題，才是最有趣、最有價值的問題**。

書中很多問題都與我們的日常生活有關，例如：「吹出來的氣是涼的，哈出來的氣是卻熱的？」、「騎腳踏車為什麼不會倒？」這類**大家都習以為常卻不知緣由的問題**。

除了觀察與思考日常生活的小問題，書中還有仰望星空後提出的「大」問題（按：請參考《這是一個好問題 2：那會怎麼樣》），例如「有沒有直徑一光年的星球？」。答案自然是否定的，但理由得具體且讓人信服。有一些問題比較抽象，但也很有意思，例如「一百維的世界會怎麼樣？」；還有些問題，網路上有各種答案，但大多是錯誤的。

無論如何，我在寫這本書時很開心，因為有些問題連我自己也想不到。

就創作過程而言，這套書不同於過去的作品。我不再只是講故

事給大家聽，而是想像自己正面對著一個個不同的提問者，因此我除了會以Q&A的方式，也會盡量表現得詼諧有趣一點。

我有幸遇到一位非常優秀的插畫家——垂垂，她的插圖新穎又充滿想像力，總能以既有趣、又有創意的方式，將科學知識描繪出來。大家閱讀的時候，會發現書中有很多精心設計的插畫細節。

最後，我衷心希望大家能喜歡這套書，也歡迎大家提出一個好問題。

作者／李淼

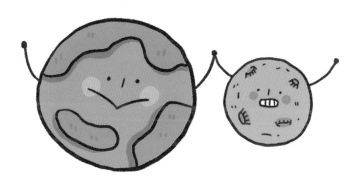

第 **1** 章

孩子的世界，沒有想當然耳

看我！厲害吧！

鏡子裡的我……。

1 原子 是實心，還是空心？

我是原子彈！

我猜 100 萬個！你猜我一口能吃多少個原子？

你知道一個球裡能裝多少個原子嗎？

聽說人肚子裡的細菌就有一公克，原子和細菌哪個更大？

兒童遊樂場球池

入口

平凡的事物中，
往往蘊含著不平凡的規律。

　　原子（atom）是構成所有物質的基本微粒，一個原子的大小，小到連用電子顯微鏡都看不到。我們看到的東西，無論是實心（如一塊石頭、一段木頭），還是空心（如一根管子、一顆氣球），抑或是無形的（如空氣），也都是由原子所構成的。

　　早在一百多年前，人們就已經證實物質是由原子構成，後來又發現物質是由許多原子一個挨一個、相互牽拉而形成的。然而，人們並未止步於此，仍不斷探索：假如一塊石頭被砸碎，碎到只剩下原子，再往下是什麼？原子內部是空心，還是實心？

　　打個比方來說，如果將兒童遊樂場的球池看作某種物質，那麼球池中的球就是一個個原子，它們就像今天的戳戳樂一樣充滿魔力，科學家都想知道盒子裡有什麼。

　　第一個拆開盒子的人，是世界知名的原子核物理學之父歐內斯特・拉塞福（Ernest Rutherford），他發現了什麼？出乎人們的意料，經過大量的實驗和理論計算，拉塞福提出了原子的「核式結構模型」：原子內部既不是空空如也，也不是緻密無間，而是非常

簡單、奇妙的世界——**原子中心有一個非常小的原子核**[1]（Atomic nucleus），**電子則是圍繞在原子核周圍高速運動。**

原子核和電子都屬於微觀粒子，它們小到什麼程度？

將一個原子放大 10 億倍以上，它才有一顆球那麼大，即便如此，原子核還是小到看不見。非要說得更清楚的話，假設海洋球原子的直徑為 10 公分，那麼位於中心的**原子核的直徑即相當於一根頭髮**，但我們能看到一根頭髮，主要是因為頭髮有一定的長度，其粗細其實很難測量。

好了，我們現在知道這個問題的答案了，原子可以算空心的吧，你同意嗎？畢竟原子內部幾乎什麼都沒有，只有一個很小的原子核和一些亂轉的電子。

原子原來不是實心的啊！

---

1. 原子，是由質子、中子和電子所組成。原子核中含有許多質子和中子，而電子則是繞著原子核周圍運行。

科學探索，
就是不斷接近真相的過程。

宇宙大爆炸（Big Bang，即大霹靂）是宇宙學中的重要理論，但很多人並不了解其中真正的含義。

我們首先要知道，宇宙大爆炸和炸藥爆炸不一樣。炸藥爆炸是從中心點突然向外面炸裂，宇宙大爆炸更像是麵團在烤箱中一點點均勻的膨脹，或像吹氣球那樣整個變大。當然，宇宙大爆炸的劇烈程度絕對是超乎想像。

根據觀測結果，科學家推斷宇宙大爆炸的一瞬間溫度極高，所有基本粒子（elementary particle，比原子還小的粒子）都以光速飛快的運動，後來宇宙中充滿了炙熱的氣體。由於觀測得到的證據仍不夠充分，科學家還不能完全確定這些氣體的來源，只能推測。那就讓我們來看看大多數科學家目前支持的說法吧。

我們現在能夠觀測到的宇宙，在炙熱氣體出現之前，大概只有籃球那麼大，而且這個「籃球」的內部還是冷的。後來，有一股潛在的特殊能量，才導致原本微小的空間急遽加速膨脹。這個耗時極短的過程，被稱為「宇宙暴脹」（Inflating）。暴脹時期結束後，空間

中的潛在能量（按：指物質中的粒子）會轉變成炙熱的氣體。

　　宇宙暴脹理論能夠解釋一些宇宙演化的現象，例如為什麼出現恆星（按：本身會發光的星體）、星系；為什麼宇宙中物質在上億光年尺度上是均勻分布的。

　　如果你再進一步追問：「就算是這樣，宇宙暴脹本身又是怎麼發生的？」我們必須承認，總有一些終極問題，科學研究目前還無法給出明確的答案，人類對此無能為力。

只有頂住壓力，
才能毫不費力。

　　近年來，隨著中國開始建造太空站（Space Station），以及國際太空站運行將持續至 2030 年的話題，人們對太空人的太空生活越來越感興趣：他們怎麼睡覺？怎麼吃飯？能不能上網聊天？太空人在太空站或太空中飄浮的場景，更是成為太空探索的代表性畫面：身體輕輕一動就能頭朝下、腳朝上，看起來十分輕鬆，也很神奇。要知道，那可是常人難以適應的失重狀態。

　　其實，我們在地球上也能感受失重，例如坐雲霄飛車——尤其是在雲霄飛車向下俯衝、速度漸快的過程[2]，我們就能體驗到近乎完全失重的狀態。雖說坐雲霄飛車不會讓我

失重體驗館，
幾點開門？

---

2. 在物理學上，失重與否取決於加速度，而非當時的運動速度；當所處環境的加速度為一個重力場（9.8m/s^2）時，就會有失重感。

們完全失重，但那種失控感足以讓人尖叫，感到既興奮又害怕，很多人因此不敢玩。

失重究竟是怎麼回事？讓我們想一下坐電梯的情形：如果電梯等速下降，我們沒什麼特殊的感覺；如果電梯下降的速度越來越快（的加速過程中），我們就會感到自己的身體「變輕」了；如果電梯在下降過程中急速墜落，剎那間我們會飄浮起來，並且感受不到自己的重量，這就是失重。

太空人既然能在太空站的失重環境中工作、生活，多半不會害怕坐雲霄飛車。實際上，太空人會面對比失重更可怕的情況：火箭發射的瞬間，加速度會達到**重力加速度**（Gravitational acceleration，也叫自由落體加速度）的 4 倍到 5 倍。

這是什麼感覺？這麼說好了，假如你的體重是 50 公斤重，在加速度達到重力加速度 4 倍時，你會覺得自己有 200 公斤重，並感到呼吸困難、兩眼發黑，就像被一塊大石頭壓住。別忘了，太空人可是在經歷特殊體能訓練後，才得以開啟飛天之旅，他們付出了巨大的努力，才讓太空中的一個轉身看起來很輕鬆。

除了太空人，飛行員、賽車手也會經歷類似的失重情形，他們應該也不怕坐雲霄飛車。在你憧憬的職業中，有沒有需要「超人」素質才能從事的？

科學小知識

重力加速度

　　由重力作用使落體或拋體等產生的加速度。一般以 m 表示物體的質量，以 g 表示重力加速度，重力 F 可表示為 F＝mg。

無聲的閃電威力大，
轟轟的雷聲威力小。

　　的確是這樣，雖然水能導電，但江、河、湖、海裡的魚還是能安全的度過雷雨天。主要是因為大多數魚都在比較寬闊的水域活動，很少剛好位於閃電擊中的地方，並非牠們有什麼過人之處。魚也是怕電的。你聽說過非法電魚嗎？沒錯，就是那些用帶電工具把魚電死的非法捕魚行為。

　　但是──我又要說「但是」了──養魚的人早就考慮到魚塘可能被閃電擊中的情況，所以在魚塘四周安裝了避雷針，這樣一來，魚就安全了。

　　可能有人會追根究柢：就算魚塘裡的魚不會被閃電擊中，那大海裡的魚怎麼說？很少聽說大海裡的魚被閃電擊中，難道也有人在大海安裝避雷針？

　　科學家還真的研究過相關問題，他們發現原因可能是海水比淡水導電性更好。

　　是不是有些奇怪？這樣一來，大海裡的魚應該更容易被閃電擊中吧？但事實上，**由於海水的導電性更好，閃電落到大海裡之後，電流很快就分散**。因此，一條魚即使被閃電擊中，牠身上通過的電流也沒有那麼大，不會小命不保。

　　不只是魚，人在游泳時同樣需要提防閃電，露天泳池在雷雨天會關閉，也是出於安全的考量。所以，大家一定要記得，千萬不要在雷雨天去戶外游泳！

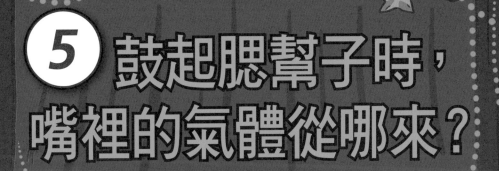

5 鼓起腮幫子時，嘴裡的氣體從哪來？

給你們看看一口氣吹滅100根蠟燭的祕密！

只有「發自肺腑」，
才能堅持更久。

　　人是哺乳動物，活著就要呼吸，而呼吸是靠肺部。無論是鼻子還是嘴，呼出來或哈出來的氣體都來自肺。所以，讓腮幫子鼓起的氣體就來自肺，只是氣體在呼出的過程中被蓄積在嘴巴裡。

　　如果不相信，我們現在就來驗證一下吧！

　　先深吸一口氣，然後鼓起腮幫子並呼氣；不要吸氣，接著再鼓起腮幫子並呼氣。連做幾次，保證你鼓不起腮幫子了。這說明如果人不吸氣，身體裡的氣體大概也只有那麼多，而這些氣體大多都存在肺裡。當然，也有不僅依靠口鼻呼吸的動物，牠們就是兩棲動物——既可以透過肺呼吸，也可以透過皮膚呼吸。**人的皮膚也有部分呼吸功能，但主要還是依靠口鼻呼吸。**

　　有時就是這樣，令人百思不解的現象背後，原因其實很簡單。接下來，我想談一點其他相關知識。

　　例如肺活量，它是指人一次盡力吸氣後，再盡力呼出的氣體總量。經常跑步的人的肺活量比較大，這是因為跑步需要消耗更多的能量，而耗能的過程需要氧氣參與。為了獲得更多的氧氣，肺被迫

不停的工作，肺活量因此慢慢變大。

　　假設一個人跑沒多久就氣喘吁吁，代表他的肺活量不大、呼吸頻率很高。還有一個很有趣的現象是，**動物體型越大，呼吸頻率越低**。大象每分鐘呼吸的次數（按：約 8 次到 12 次）比人類少，鯨魚每分鐘呼吸的次數也比人類少。當然，這不等於牠們每分鐘消耗的能量比人類少，只是因為牠們的肺活量比人類大多了。

知識就是記錄下來的經驗。

　　篝（按：音同「勾」）火火焰熊熊，火柴微光閃動，它們的燃燒本質上是氧化還原反應（Reduction-oxidation reaction）。氧化還原反應在我們的生活中十分普遍，生命體的新陳代謝、電池的充電和放電、鐵生鏽等，都與它們相關。

　　燃燒需要氧氣，但隨著燃燒，火焰附近的氧氣會越來越少，如果不人為增加氧氣，火焰就會熄滅。我們每搧一次風，空氣中的氧氣就會被風帶到正在燃燒的篝火周圍，這就使得參與反應的氧氣迅速增多，篝火因此越搧越旺。但風也會把熱量帶走，如果熱量不足，使得正在燃燒的物質的溫度降到燃點之下，火焰就會熄滅。

　　也就是說，如果火燒得不太旺，風也可能使火焰熄滅。一根火柴燃燒產生的火焰，通常比篝火燃燒產生的小很多，熱量也少很多，搧一下風或吹一口氣就會帶走全部的熱量，火焰就熄滅了。

　　你注意到了嗎？**餐飲用的固體酒精膏**就用到了上面的知識──**吹氣使溫度降低；或是蓋上蓋子，切斷氧氣的供應。**

　　與火柴燃燒一樣，人體也有「燃燒」現象，例如食物在消化

後，有一部分轉變成葡萄糖，葡萄糖會在人體需要時進行氧化反應並釋放出能量。此外，電池也與氧化還原反應有關：電池在工作時，負極（－）發生氧化反應，正極（＋）發生還原反應，電子從負極移動到正極，形成電流的同時，就會釋放電能。你還知道哪些現象是氧化還原反應嗎？

科學小知識

氧化與還原反應

● 狹義：

　　以氧的得失反應來定義。物質與氧結合的反應，稱為氧化反應；氧化物失去氧的反應，則稱為還原反應。

● 廣義：

　　以電子的得失反應來定義。物質失去電子的反應，稱為氧化反應；物質獲得電子的反應，則稱為還原反應。

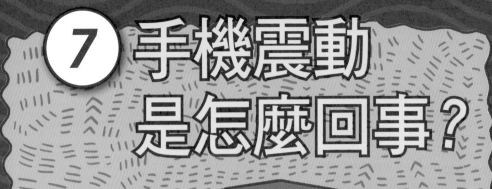

7 手機震動是怎麼回事？

媽媽
來電

家人來電

朋友來電

今晚 8 點我們可能有演出！

鬧鐘

嗒！嗒！

訊息

哼，垃圾訊息。

警報

燈亮，我就踏步。

手機內部由此剖開

什麼也不問的人，
什麼也學不到。

　　手機可以設定成震動提醒，來電和訊息或鬧鐘響時會發出嗡嗡聲。這種震動是怎麼產生的？手機內部有什麼巧妙的設計嗎？

　　其實，產生震動的原因很簡單：手機內部安裝了微型電動機（馬達）和凸輪——**當馬達轉動時，凸輪也會跟著轉動。轉動時，凸輪會作圓周運動**（Circular motion）**並因此形成離心力**[3]（Centrifugal force），但由於凸輪結構不對稱，重心並不在馬達的轉軸上，於是手機就會產生震動。

　　這麼一說，看起來有點神祕的手機震動就變得平常了。其實，離心力可是大有學問。

　　我們來做一個簡單的「流星錘」實驗吧！

　　先拿一根繩子，在一端繫上一個物體（不要太重，也不要太輕，和手機差不多重就好），最好要綁得結實一點。然後，抓住繩子的另一端，甩動繩子轉圈。

　　我們會很明顯的感覺到，只要轉圈的速度夠快，繩子就會被拉緊，而且手會感覺到一股拉力。

　　假設有一根繩子長 0.5 公尺，一秒轉兩圈，我們會感到繩子作用在手上的力，比繩端所繫物體所受到的重力大得多。然後，將繩子長度縮短一半，還是一秒轉兩圈，我們會感到繩子拉動手的力小了一些，但還是比繩端所繫物體所受到的重力大。如果將繩子長度繼續縮短一半，繩子拉動手的力又會小一些。

　　這個實驗除了有離心力，我們還可以知道其大小與繩子長度、轉動速度有關：**長度越長，力越大；繩子轉得越快，離心力越大**——假如你能一秒轉 4 圈（雖然很難做到），就會感覺到拉力比一秒轉兩圈大很多。

　　除了手機震動以外，在生活中還有很多離心力的應用，例如**棉花糖機、遊樂場裡的雲霄飛車等**。在運用自然現象所蘊含的科學原理時，人類發揮出了無與倫比的創造力！

---

3. 1659 年，由荷蘭物理學家惠更斯（Christiaan Huygens）所提出，他因研究擺動的規律，發明了擺鐘。

看事物的角度，
決定我們能看到什麼。

這是一個有趣的問題！你洗手時有沒有注意過這個現象？不同顏色的洗手液怎麼最後都變成了白色的泡泡？

在回答之前，我們先來做兩個實驗。第一個實驗是吹泡泡。在水裡放一點肥皂屑或洗潔精，並將其攪拌均勻，接著找一根吸管並在水裡蘸一下，慢慢吹出泡泡（注意，不要把水吸進嘴裡）。在陽光下，你會看到泡泡是五顏六色的。

再來做第二個實驗。將水倒入水杯，再倒一點食用油，然後把杯子放到陽光下，稍微傾斜水杯，你會看到水面出現了很多不同的顏色。

這兩個實驗的背後原理是一樣的，主要與兩方面有關。

首先，陽光雖然看上去是白色的，其實是由不同顏色的光混合成，包括紅光、紫光、藍光等。**我們看到不同的物體有不同的顏色，主要是因為不同的物體反射了陽光中不同顏色的光。**

舉例來說，我們看到花是紅色的，是因為花朵中的花青素（Anthocyanidin，在植物中的水溶性深紅色）反射了紅光；葉子是

綠的，是因為葉子中的葉綠素（Chlorophyll）反射了綠光。而洗手液看起來是藍色的，是因為它反射了藍光。

其次，我們吹出來的泡泡在陽光下看上去五顏六色，主要是因為**泡泡膜厚度不均**，陽光從不同角度反射到我們眼中。漂浮在水面上的油也是因為薄膜厚度不一，反射了陽光中不同顏色的光，才有五彩繽紛的效果。

搞懂這些原理後，我們再來看洗手液的泡泡。洗手液的泡泡雖然看上去是白色，但也能反射不同顏色的光，只是由於這些泡泡太小，它們表面反射的光疊加增強的效果不明顯，所有顏色的光混合在一起，泡沫看上去就又是白色的了。

科學小知識

第一個發現陽光由不同顏色的光混合成的人是天才科學家艾薩克・牛頓爵士（Isaac Newton），他用三稜鏡做了陽光色散實驗。

色散現象，是指光線經物體折射後，會分散成各種顏色光線的現象。

厲害！

9 騎腳踏車為什麼不會倒？

放心吧！有我扶著，想倒都倒不了！

習慣於想當然，
就無法獲得思考的樂趣。

　　我要頒發一個「別出心裁獎」，給提出這個問題的人。或許有人會覺得，騎腳踏車不是再平常不過了嗎？有什麼好問的？

　　這個問題可不簡單，連科學家在解釋的過程中都犯了很多次錯誤。從 1869 年到 1970 年，科學家利用微積分（請參見第 100 頁）方法和物理學原理，一直研究了一百多年，才終於搞懂其中的原因。

　　不過別害怕，讓我們從一個比較簡單的現象入手，揭開這個百年謎團吧！

　　你玩過陀螺吧？這是一種可以繞著自身支點、快速旋轉的玩具。把陀螺放在桌子上用手擰一下，它就會自己轉起來，並且可以旋轉很長一段時間。如果你仔細觀察就會發現，陀螺不僅自己轉動，還會在桌子上移動——它很聰明，透過這兩種方式，讓自己維持不倒。

　　科學家認為，腳踏車也是靠類似陀螺的方式來保持平衡。你看腳踏車的車輪轉起來的時候，像不像陀螺？

　　另外，離心力也發揮了作用。

例如，當腳踏車快倒向左邊時，前輪向左偏，你會本能的使勁踩腳踏板以提高車速。這時**腳踏車的車輪自然而然就會作圓周運動並產生離心力，最終使自行車向右偏轉，避免倒下**。

當然，腳踏車能夠保持直立還有一些原因，例如人的控制──人騎車時，是由大腦控制身體平衡。

這樣看來，這個問題不僅不簡單，還很有技術性。下次騎腳踏車時，大家不妨感受一下吧！不會騎自行車？快學起來吧！

10 橡皮擦怎麼擦掉字跡？

希望你學過的知識，
變成你擦不掉的記憶。

　　我們先來解釋鉛筆為什麼可以寫字，再來看鉛筆寫的字為什麼可以被橡皮擦擦掉。

　　鉛筆芯的主要成分是石墨（沒有鉛），它又黑又滑，也比較軟，因此人們在製造鉛筆芯的過程中，需要把石墨與黏土混合在一起。黏土的比例越高，鉛筆芯就越硬。當我們用鉛筆寫字的時候，鉛筆芯和紙面接觸、摩擦，使得石墨脫落，石墨粉末附著在紙上就留下了痕跡。也因為石墨粉末是固體，不像墨水會洇（按：音同「求」）進紙裡，所以與其他種類的筆寫的字相比，鉛筆字能夠被擦掉。

　　再者，橡皮擦是用可以吸附石墨的材料製作的。這樣一來，用橡皮擦鉛筆字時，因摩擦而脫落的橡皮屑把石墨粉末「吸走」，鉛筆字就不見了。

　　不過，橡皮擦最早是用海綿做的，後來人們發現用天然橡膠的效果更好，隨著不斷提升工藝製作的水準，橡皮裡混入了其他材料，才使得橡皮擦掉鉛筆字的效果越來越好。

　　說起石墨，它還有個「近親」——鑽石。這兩種看上去完全不

同的東西，其實是由完全相同的元素——碳所構成的。

石墨和鑽石是碳的同素異形體（allotropy，指由同一種化學元素所組成），只不過兩者的排列方式不同，才使得它們看上去完全不同：石墨的碳原子（Carbon）形成六角形結構，一層層堆疊起來（單層的六角形結構是潛力無限的新材料——石墨烯〔graphene〕）；而鑽石中的每一個碳原子則與附近的 4 個碳原子，以化學鍵互相連接，形成堅固的正四面體結構。

大人很少用鉛筆，因為無論寫文章也好、簽字也好，他們都希望筆跡沒那麼容易被擦掉，所以一般會選擇用圓珠筆、鋼筆或者簽字筆。這樣看來，大人沒有犯錯的機會……。

擦不掉的是過去！

越是安全的表象之下，
越危險。

　　我們假如能從太空中俯瞰颱風，就會發現氣流漩渦的中心有一片神祕區域，像極了一隻圓圓的眼睛在向外張望，這片區域就是颱風眼。氣象學家發現，颱風眼相對安靜，不僅沒有肆虐的大風，甚至陽光明媚、晴空萬里，但颱風眼周圍卻是風力最強、風速最快的區域。

　　這就是為什麼天氣預報提到颱風時，經常會說「中心附近最大風速」。那麼，颱風眼又是怎麼形成的？

　　為什麼這片區域反而如此安靜？

　　　　在搞懂這些問題之前，我們需要了解颱風是如何形成的。

　　　　颱風通常由低氣壓系統發展而來。一開始，空氣從周圍氣壓高的地方快速流向中心氣壓低的地方。在科氏力的作用

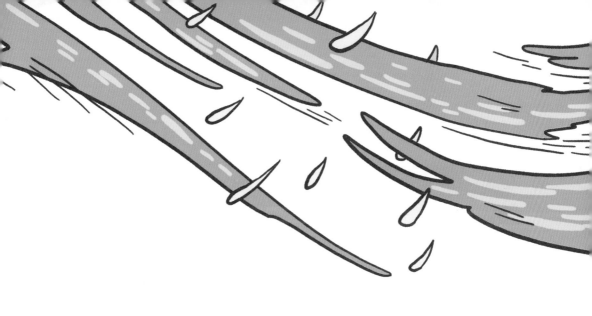

下，向中心湧去的氣流速度越來越快，逐漸形成螺旋上升的氣旋。接著，更周邊的空氣也被夾帶進入這個巨大的漩渦中：氣流一邊繞著漩渦的中心旋轉，一邊接近漩渦的中心；隨著氣流越來越接近漩渦的中心，它們旋轉的速度越來越快，但同時也越來越難以接近中心；最後，這些快速旋轉的氣流形成了一堵「風牆」，沒有氣流可以突破這堵「牆」進入颱風正中心的區域。颱風眼就這樣形成了。

颱風眼其實並不總是風平浪靜，有時也會有雲層覆蓋其上，並且隨著颱風的行進，颱風眼也會變化甚至消失。現在，已經有研究人員搭乘專用飛機進入颱風眼，近距離觀察颱風、採集重要的氣象資料。不過，當颱風即將登陸時，我們還是應該做好萬全準備，畢竟誰也不能完全預測準確颱風的路徑。

科學小知識

科氏力

　　科氏力（又稱地球自轉偏向力）由地球自轉產生，會改變地球表面運動物體的方向。我們洗手時，會發現洗手臺中的水由外向內旋轉流下去，颱風就好像一個超大規模的漩渦——這兩種現象都是地球自轉偏向力作用的結果。

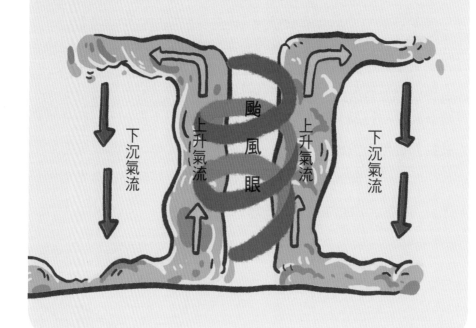

下沉氣流　　上升氣流　颱風眼　上升氣流　　下沉氣流

一呼一吸中，藏著大學問。

在看到這個問題之前，我還真沒注意過這個現象。

凡事都要經過驗證。你可以試一試，看看哈在手上的氣是不是熱的，吹在手上的氣是不是涼的。當然，你在冬天會不由自主的做這個實驗——如果手長時間暴露在外面，你就會覺得冷，對著自己的手哈氣。

接下來，是解答時間。

我們都知道人是恆溫動物（Homeotherms），在正常情況下，人體的溫度保持在固定的範圍內，也就是 36℃～ 37℃，不隨外界環境氣溫變化而升高或降低。所以，我們體內氣體的溫度大都也在此範圍內。

當我們對自己的手哈氣時，哈出的氣體的溫度和體溫差不多；氣體與溫度相對低的手部皮膚接觸後液化（物質由氣態轉變為液態），釋放出熱量，我們因此覺得哈出來的氣是熱的。

那麼，為什麼吹出來的氣是涼的？

這個問題可以用**扇子搧風降溫**的原理來解釋。天氣熱的時候，

我們會流汗，如果用扇子搧風，馬上就覺得涼快許多。

　　這是怎麼回事？

　　扇子搧到我們身上的空氣的溫度不就是周圍空氣的溫度嗎？為什麼我們會覺得涼快？

　　這是因為扇子搧出來的風**加快了皮膚表面汗液的蒸發**（按：液態轉變成氣態過程中，除了沸騰以外的另一種形式），**而蒸發會吸熱**，所以我們覺得涼快。

　　同樣的，熱水之所以會被吹涼，其實就是利用吹氣加快水的蒸發速度，進而帶走熱量。

心靜自然涼！

13 鏡子是什麼顏色？

或許這就是
「相由心生」吧！

現在的鏡子，大都會在磨平的玻璃上鍍一層反射性能好的材料，例如銀。因此，五顏六色的物體放在鏡子前面時，我們能看到還原度很高的影像。從這個角度來看，鏡子算是彩色的。

但**能完美反射所有光的材料並不存在**。為什麼這麼說？先讓我們來看看光的反射。紅花呈現紅色，是因為紅花含有酸性的花青素，而花青素只能反射紅光；綠葉呈現綠色，是因為綠葉含有葉綠素，而葉綠素只能反射綠光。

換句話說，**基本上，物體的色彩是靠反射一種或幾種顏色的光，來展現自身特有的顏色。**

從光生物學（photobiology，研究光與生物相互關係的科學）來看，葉綠素會反射綠光，主要是因為葉綠素分子可以吸收其他顏色的光，但不吸收綠光，所以會將綠光反射出來，因此我們才會看到綠葉呈現綠色。

鏡子上的鍍膜是由分子、原子等構成，它可以反射大部分的光，但不可能將吸收的所有光全部反射出來，因為**每個分子和原子的反射光譜都是不連續的**（每種原子都有其獨特的光譜，由量子的特性決定）。

其實，還有不容忽視的因素，那就是**人的眼睛看到的物體顏色，實際上並不完全是物體本來的顏色，最典型的例子就是黑色**。一個真正的黑色物體應該能吸收所有顏色的光，但這是任何分子或原子都無法做到的，也就是說：純粹的黑色物體並不存在，**我們常說的黑色，其實是人為定義出來的**。大家都知道紅、綠、藍三原色吧？人眼所看到的顏色，都是由三原色組合而成的。當一個物體不反射這三種色光時，這個物體看起來就會是黑色。

看來，關於鏡子究竟是什麼顏色，還真不簡單。既要考慮鏡子塗層材料的問題、物理學中的可見光反射原理，還要考慮人們對顏色的定義。以後你照鏡子時，不妨從不同的角度來「看一看」。

14 雲由水蒸氣凝結而成，卻不是透明的？

眾鳥高飛盡，孤○獨去閒。

明月出天山，蒼茫○海間。

○想衣裳

好在還有月亮陪著我！

如果雲是透明的，唐詩宋詞會變成什麼樣？

朝辭白帝彩○間，

千里江陵一日還。

浮○遊子意

落日故人情。

科學只能證明某種事物存在，
不能證明某種事物不存在。

這個問題很有意思，但表達得不太精準，雲其實是由小水滴或小冰晶（ice crystal）構成的。我們知道，空氣中含有水蒸氣，水蒸氣是透明的。看我們呼出的氣體，是不是沒有顏色？而雲正是地表的水蒸發，在上升過程中冷卻凝結而成的。

那為什麼晴朗天空中的雲是不透明的白色？我們可以透過日常現象來解釋。

你看過水燒開時冒出的白煙吧？

我們也稱之為水蒸氣，但這個說法並不完全正確，它其實是——**水（H_2O）在加熱後形成的水蒸氣，遇到較冷的空氣而凝結成的小水滴**。從微觀角度來看，水蒸氣本來是以單個分子形式存在的，是透明的。

那麼，為什麼小水滴在一起就不再透明了？

在釐清這個問題之前，需要先知道一項原理：**光其實是一種波**。光波和水波都是波，它們雖然看起來完全不同，但有些性質十分相似。

例如，水波遇到障礙時就不再像之前一樣沿直線傳播，而是會改變方向。同樣的，光波遇到障礙也是如此。當小水滴越聚越大時，遇到小水滴的光波傳播路徑就會大幅改變，所以我們看到的雲朵不是透明的。

簡而言之，我們看到雲呈白色，成因於陽光散射（scattering of light，指光波或粒子通過介質時，受到不同位能的影響，導致一部分的光偏離原本的傳播方向）到我們眼裡的光混合在一起。

陽光和下雨、下雪時，會變成淺灰色、深灰色，甚至接近黑色，還有一部分原因是，陽光被雲中的水滴攔截，無法反射到我們眼中，所以才看起來像「烏雲」。

真是我的靈感展廳！

雲展廳

⑮ 汽車輪胎有4個，也有6個？

你想的東西
真的是你需要的嗎？

　　輪胎便於車輛快速行進，這在今天早已是一種常識。輪胎在我們的生活中很常見，實際上，它們是人類征服和改造自然的漫長歷程中，一次不小的突破，也是人類的一項大發明。

　　輪胎出現以後，各種類型的交通運輸工具不斷湧現：從古代的獨輪車、四輪馬車等，到現在的各式汽車、火車和高速列車等。

　　輪胎是圓的，容易滾動，因此帶有輪胎的工具能使我們更省力。獨輪車就是一種重要的運輸工具。1948年的徐蚌會

戰，就是人民群眾用獨輪車提供軍事支援。在戰爭年代，獨輪車發揮了機動靈活的優勢。

今天，獨輪車早已退出了歷史舞臺，取而代之的是功能更完備、承載力更強、更便利的交通運輸工具。以家用小汽車為例，這些車子多數都有 4 個輪胎，主要是因其承載能力更好。至於有 6 個輪胎的車輛，例如貨車車頭配有 2 個輪胎，車廂配有 4 個輪胎；還有一些大卡車，光車廂就配有 6 個輪胎──毫無疑問，它們的承載能力更強。

一般來說，輪胎越多，汽車的承載能力越強（有些特種車輛的輪胎多達幾十組）。這是由車輪的工作原理決定的：當汽車引擎驅動輪胎向前轉動時，輪胎與地面之間會產生一種相對運動的作用力，也就是輪胎施與地面的向後摩擦力；根據牛頓第三運動定律（Newton's third law of motion，作用力和反作用力大小相等，方向相反），輪胎向地面往後推擠時，輪胎施與地面的向後摩擦力，所形成的反作用力，就是驅使輪胎前進的動力。

因此，接觸地面間的摩擦力越大，地面給予輪胎向前的摩擦力也越大（按：因 6 輪車承載較重，因此能提供更多的向前摩擦力）。

為什麼磁鐵 ⑯ 能吸住東西？

物以類聚，人以群分，
說的也是一種吸引力。

　　磁鐵是一種好玩又神祕的玩具。磁鐵能吸住含鐵的東西，但無法吸住不含鐵的東西，例如木頭和塑膠。這種現象看上去是不是有些神奇？磁鐵又要怎麼區別？

　　更有意思的是，玻璃棒在絲綢上摩擦之後，也能吸住一些東西。這兩種現象其實都展現了自然界的物質所具有的基本物理屬性——導電性與磁性。我們日常生活中見到的磁鐵一般是由人工製造，例如冰箱磁鐵。此外，人們還利用導電線圈製作了電磁鐵，有電流通過的線圈會像磁鐵一樣，具有磁性，這其實稱作「電流磁效應」（Magnetic Effect

Of Electric Current）：電流流經電路時，會在其周圍產生磁場。

其實，構成物質的很多粒子都像一塊塊小磁鐵。舉一個最簡單且特殊的例子——氫原子，它的中心是氫原子核，但原子核中只有一個質子。質子帶正電的同時具有磁矩（Magnetic moment，描述磁體和電流回路，以及微觀粒子的磁性質的物理量），氫原子中的電子本身就有磁矩，電子圍繞原子核運動時同樣會產生磁矩（電子因運動而產生了電流），以上 3 個磁矩加起來就是氫原子的磁矩。

氫原子帶磁性的現象可以推廣到其他更加複雜的原子和分子，可以說任何物體內部都有無數「小磁鐵」。但一般而言，這些小磁鐵的磁矩是無序的，疊加起來以後，物體總磁矩為零，並不會表現出磁性。而**磁鐵中的原子或分子的磁矩大都沿著一個方向排列，因此會產生磁場。**

如果將磁鐵靠近一個鐵磁性物質（按：指材料具有自發性的磁化現象），例如鐵塊，鐵塊中鐵原子的磁矩就會變得有序，且和磁鐵的磁矩同向（鐵塊被磁化），因此鐵塊也有了磁場，於是也會被磁鐵吸住。

至於為什麼磁鐵不能吸引木頭、塑膠，就是因為它們不能像鐵一樣被磁化。

當刺蝟原來是這樣的感覺啊……。

17 錐子刺不破布，針卻一扎就破？

尺有所短，寸有所長。

　　錐子這種工具現在已經很少見，大都只用於手工製作或修鞋。如果你沒有見過真正的錐子，可以上網搜尋看一下。

　　錐子那銳利的尖頭看起來比針線包裡的針粗多了。為什麼粗卻刺不破？答案其實已經呼之欲出，因為針比較細，所以才容易扎破布。當然，這還不是完整的答案，我們還得了解一下布的結構。不然的話，你可能會問另一個問題：針怎麼扎不進木頭？

　　關於布的結構，我也略有了解，因為我小時候去過紡織廠，親眼看過布是怎麼被製造出來的。不僅如此，我還見過手動織布機。

　　當然，不論是手動織布機，還是電動織布機，它們的工作原理是一樣的，簡單來說就是，將棉紗交叉編織在一起。

　　我們也可以說，布是由很多根棉紗編織成的網，只不過網孔很小，一般看不出來（棉紗越細，網孔就越小）。所以，細細的針能輕鬆穿過布上的小孔，而錐子尖比針尖粗得多，自然很難扎破布。

　　從這個角度來解釋的話，針扎不透木頭是因為木頭遠比布緻密得多，沒有針可以穿透的小孔。

科學小知識

　　提到棉紗，人們有時會說 60 支、80 支。這究竟是什麼？

　　其實很簡單，例如一公克棉花能紡出 60 根長度為一公尺的棉紗，我們就說棉紗是 60 支。這其實是專業術語——面料的支數，它是用來描述棉紗粗細的參數：支數越大，棉紗越細，所織成的布料越輕薄，所製作的衣物也就越柔軟。

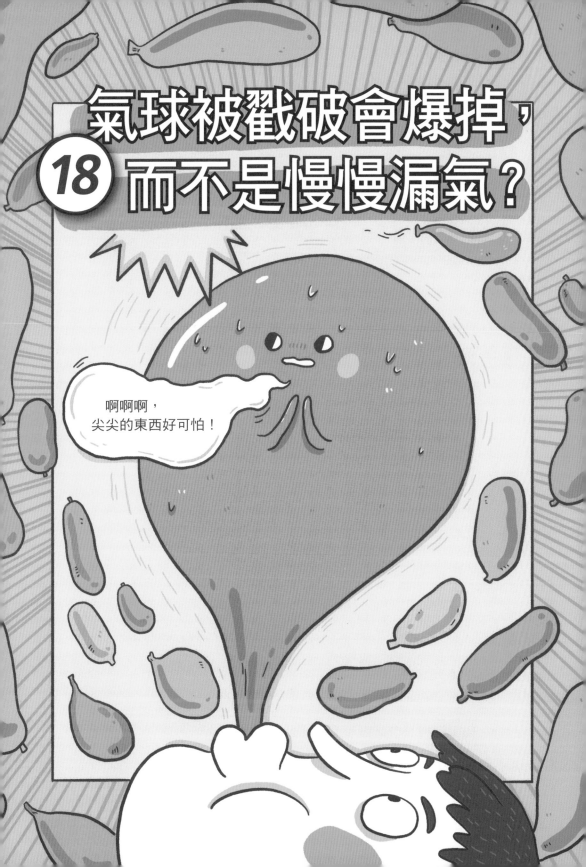

緩解壓力，也要適度。

　　大家都知道橡皮筋吧？一種由橡膠製成，有彈性、能被拉長的環形物體。很顯然的，拉長它時需要用點力，這個力道正好與橡皮筋的彈力大小相等。

　　氣球多由橡膠製成，和橡皮筋一樣，氣球也有彈性，會被撐大。不同的則是，氣球通常比較薄，更容易被吹大，從物理學的角度來看，氣球的彈性更大。

　　我們先來觀察一個簡單的現象，在氣球被吹起來之前，氣球裡面空氣的壓力（pressure）和外面的差不多大，此時的氣球處於平衡狀態；但是，當氣球被吹大到一定程度時，就會越來越難吹，我們用手捏氣球還會感到吃力——這說明氣球裡面的空氣壓力增大了。

　　我們知道，壓力就是物體單位面積上受到的垂直作用力。壓力變大主要是由於兩種情況，一個是受力面積不變時垂直作用力增大，一個是垂直作用力不變時，受力面積減小。

　　我們用嘴往氣球裡吹氣就是在增大氣球內的壓力，壓力不斷增大，氣球慢慢撐開，此時的氣球仍保持平衡狀態。

那充氣氣球是如何做到達到平衡狀態而沒有爆炸？氣球內外的空氣壓力差被什麼抵消了？

這就要提到前面說的彈力。由於氣球具有彈性，氣球被吹起來時，氣球的表面積變大，在橡膠氣球被撐大的同時，其內縮的彈力也會越大，進而增加了其內部壓力。

換句話說，同樣大的彈力就需要輸入較高的氣壓，才能達到平衡——**氣球表面向內縮的彈力產生的壓力＝氣球內部氣體的壓力－外界大氣壓力。**

因氣球內外的壓力差很大，當我們將氣球戳一個小孔，球內氣體瞬間從小孔處大量湧出，氣球也就爆掉了。

這樣吹可真紓壓！

有時候，
壓力也會變成一種動力。

這個問題可以分成 3 點來解答：

一，人為什麼可以站立不倒；二，為什麼人走路時不會倒；三，為什麼人跑步時被絆一下反而往前衝。

第一個問題最簡單，就是我們通常說的靜態平衡問題。例如，手機放在桌子上為什麼會靜止不動？梯子斜靠在牆上為什麼不會滑下來？……只要物體是靜止的，就和靜態平衡有關。

這些問題的答案其實很簡單：**所有作用在物體上的力互相抵消了**。我們站著不動時，主要受到地面對我們的支撐力和我們自身的重力，這兩個力大小相等且一個向上、一個向下，剛好互相抵消了。但是，總有特例。

例如，你可能也曾玩過以下遊戲：不借助任何外力，將一個生雞蛋立在桌子上。儘管有一瞬間雞蛋可以立起來，但它很容易倒。這是因為雞蛋的重心不穩，使得支撐力和重力的方向並不在同一條直線上，雞蛋也就無法保持平衡。人站著不動就沒有這個問題，因為我們身體的重心通常落在兩腳之間。

接著是第二個問題：人走路的時候，身體重心不斷改變，為什麼還是不會倒？

這是動態平衡的問題。

當人向前移動、邁出一隻腳時，身體重心隨之前移並下降；還沒等跌倒，另一隻腳就落了下來；此時，人的身體重心抬升並移動到兩隻腳之間，身體得以保持平衡。重心隨著左右腳的交替移動不斷變化，人也就可以走得很穩。

現在來解決第三個問題。人跑步時被絆了一下，身體重心加速前移，為了保持平衡，另一隻腳會趕緊向前移動，這是一種反射動作，所以此時人反而會往前衝。

當然，這種情況不會使我們跑得快，反而讓我們容易跌倒。這是因為人跑步時需要更多能量，呼吸頻率不斷加快，就是能量需求不斷增加的一種表現，但這些能量對人體來說都是有上限的，不可能隨時發揮作用，否則百米紀錄就太容易被打破了！

嘿，值了！

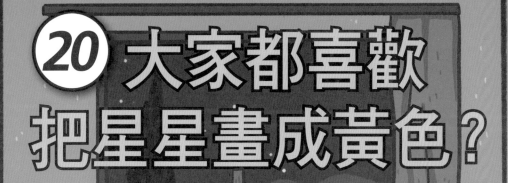

20 大家都喜歡把星星畫成黃色？

其他顏料用來畫什麼？

只有發光的金子，
才能被看見。

知名畫家梵谷（Vincent Van Gogh）的《星夜》（*The Starry Night*）是一幅世界名畫，畫中明亮的黃色色塊就是星星。很多人在畫星星的時候，都習慣把星星畫成黃色。

這是為什麼？是因為黃色醒目嗎？畢竟大家通常都會強調想表現的東西。

對於顏色，我們常常說「紅橙黃綠藍靛紫」（當然，就眼睛實際看到的效果來說，顏色還有很多種），這些是我們眼睛能夠看到的光——可見光的顏色。牛頓透過實驗發現了光的色散現象：他將三稜鏡放在陽光下，發現陽光經過三稜鏡之後，形成了一個彩色光譜，**黃光正好位於中間**。也許正因如此，我們才覺得黃色最醒目。

星星在夜晚的天空中是不是也很醒目？所以，人們在畫星星時，不知不覺就將它們畫成黃色。月亮常常被畫成黃色可能也是這個原因。

我們不妨再想一想，為什麼太陽有時也被畫成黃色？儘管在一般人的印象裡，太陽應該是白色的才對。從牛頓的色散實驗中，我

們可以知道哪些事實？

　　第一，白色不是一種單純的顏色，而是很多顏色疊加的結果；第二，陽光光譜中位於可見光中間位置的確實是黃光[4]。

你知道嗎？
天上的星星很多是和太陽類似的恆星，只不過不都是黃矮星[5]，也有紅矮星、藍矮星、藍巨星[6]……。

你知道嗎？
畫這麼多星星，很浪費顏料。

---

4. 太陽的發光原理來自於黑體輻射，太陽光譜中能量密度最高的位置為黃光，主要是因為太陽的溫度約為 6000k。
5. 位在主序帶上的恆星，及主序星。光譜型為 O、B、A 的矮星，稱為藍矮星（如天狼）；光譜型為 F、G 的矮星，稱為黃矮星（如太陽）。
6. Blue Giant，恆星的恆星光譜分類中的第一級，是宇宙中溫度及亮度最高的恆星。

時間可以揭示真相。

現在最常見的飛機是噴射機，也就是說，我們平常看到那些在天上飛的飛機，大都是靠引擎向後噴氣飛行。

噴射機向前飛和汽車向前開的原理不同。汽車向前行進，主要靠驅動輪向前轉。而飛機在空中飛，即使輪子向前轉，空氣施加的摩擦力也遠遠不足以讓飛機借力前行。噴射機必須透過向後噴射大量氣體獲得反作用力，進而被推動向前。

現在再來說說飛機雲。噴射機噴出的氣體一般是看不到的，否則我們在機場就看到了。

只有當飛機飛得夠高、噴出的氣體溼度夠大，且遇到較冷的空氣時，其中的水蒸氣才會凝結成小水滴或小冰晶，形成我們看到的飛機雲。

天上的雲朵也是水蒸氣遇冷凝結成的小水滴或小冰晶，聚集而

成的，但這些小水滴或小冰晶很多，所以雲朵往往不會很快消失。飛機雲相對輕薄，小水滴或小冰晶很快就會蒸發或昇華（按：由固態直接變成氣態，而不經由液態的現象），所以飛機雲消失得很快。

霧和雲十分相似，本質上，霧就是靠近地面的雲。在空氣溼度高的地區，早上會起霧，這些霧經久不散。霧消散的原因有兩個：一是小水滴或小冰晶蒸發或昇華，二是小水滴或小冰晶升到更高的地方。

在廣州，你會看到環繞在廣州塔（按：位於廣州市海珠區）周圍的雲，這些雲也就兩、三百公尺高，和霧區別不大。這樣的雲往往不會立刻消失，也非常好看。

22 圓鏡頭為何能拍出方形照片？

照片是圓、是方不重要，
重要的是可以忠實記錄。

　　提出這個問題的人，一定非常善於觀察、愛思考。確實是這樣，對於很多習以為常的現象、約定俗成，我們一旦撇開先入為主的成見，從全新的角度加以審視，就能提出具有啟發性、值得探究的好問題。這個問題就是個好問題。為什麼照相機的鏡頭是圓形，拍出來的照片卻是方形？我們可以把鏡頭做成方形嗎？

　　其實，照相機是可以拍出圓形照片的，常見的照片之所以是方形，是因為我們習慣看方形的東西。

　　接下來我們看看這個問題：為什麼照相機的鏡頭是圓的？

　　這要從照相機的成像原理說起，照相機的成像原理和望遠鏡很類似，早期望遠鏡的主要構成零件之一——**放大鏡其實就是一個圓形的凸透鏡**，物體發出的光經過凸透鏡後形成縮小、倒立的實像。照相機的鏡頭也相當於一個凸透鏡，物體發出的光經過凸透鏡後，也可以在膠捲上形成一個縮小、倒立的實像。

　　另外，從實際的製作過程來看，**圓形比方形或其他形狀更容易打磨和製作**，所以凸透鏡就都做成圓形的。至於為什麼拍出的照片

多是方形的，最直接的原因就是**膠捲或感光元件**（手機等數位設備用來成像的零件）**是方形的**。

科學小知識

1822 年，法國人尼埃普斯（Niepce）使用感光材料，製作了世界上第一張照片。這麼算來，我們可以說照片早在兩百年前就發明了。

而攝影技術傳入中國，則是在十九世紀中期，中國最早的一批攝影愛好者，有清代的慈禧太后（按：臺灣人使用彩色照相，約莫在 1950 年代，當時的底片大多是用柯達〔Kodak〕）。她不僅留下了不少老照片，這些照片後來還成了珍貴的歷史資料。

在 1970 年代到 1980 年代，拍照片可是一件大事。後來，彩色照片才逐漸普及。不過，現在已經很少人用底片相機拍照，人們大都是用手機拍照。

如果有一天，手機不是長方形⋯⋯

不然呢？

2046 新款！星形手機──超多按鍵
¥4499.00 折價後　　8,733 人付款

柔軟！
可變形！

【DAI】聯名｜融化的手機｜明星同款
¥7899.00 折價後　　78,652 人付款

和對的人
一起使用

新款拼圖手機，和對的人一起使用！
¥3699.00 折價後　　6,394 人付款

長達 3 公尺，可訂製

PLUS

【多人】爆款夥伴手機，共同歡樂
¥8899.00 起　　100,000 ＋人付款

三角鏢款

追到
可用

自動
追回

圓圓狗款

【運動版】圓圓狗／三角鏢運動手機
¥2599.00 起　　9,766 人付款

透明款附贈
辦公軟體

老闆
最愛

¥99.00 直播促銷 ▶　　0 人付款

少成若天性，習慣成自然。

實際上，這一個問題對很多常見的物品也成立：書、電視機、電腦⋯⋯。

我想，所有用來「觀看」的東西，應該都與書有關，畢竟書是具有同類功能的事物中最早出現的（按：中國畢昇在北宋時期發明了活字印刷）。所以，讓我們先嘗試回答為什麼書大都是長方形，而不是圓形或其他形狀。

在古代，書做成長方形至少有兩個理由。

第一，古代最早的書是簡牘（按：音同「讀」），就是將一片一片的竹片或木片串起來，很明顯的，沒有人覺得把竹片做成圓形更方便。

我們來順便了解一下古人寫字為什麼習慣於從右往左寫：將寫過字的竹片捲起來，不就是從右邊捲起嗎？因此，中國早期的書寫和閱讀傳統是從上往下、從右往左。

第二，造紙術發明以後，紙張開始普及。書之所以做成長方形，既是傳承竹簡的形狀，又是出於節約的目的——將一張大紙裁

成很多張小紙，怎麼最不浪費？當然是裁成長方形！

　　也就是說，長方形的書更符合我們的閱讀習慣，今天各類電子產品的螢幕自然也採用了長方形。

　　但是，為什麼書的形狀多是豎著的長方形，很多電子產品卻是橫向的？**這與我們的雙眼是左右分布而非上下分布有關**。你可不要問為什麼眼睛不是上下排列的，我倒是可以告訴你人為什麼有兩隻眼睛，而非一隻……。

我好「方」啊！

耳聞不如眼見，
眼見不如實踐。

勺子能照出影子的話就相當於鏡子了，不過這個影子應該叫做「像」。我們先來說說鏡子成像的原理。我們用的鏡子通常都是平的，鏡子裡的像不變形，大小也不變。簡單來說，**鏡子成像的原理就是光的反射。**

假設我們在鏡子前面放一個發光點，這個發光點發出的光照射到鏡子上被反射回來，鏡子裡也會有一個發光點。而且，鏡子裡的發光點和鏡面還是對稱的。

如果把照鏡子的人看成很多發光的點，那麼在鏡子裡與這些點相對稱的點就組成了平面鏡中的虛像（按：正立虛像且左右相反）。

但勺子的背面有點像凸面鏡（向外凸出），和平面鏡不一樣，凸面鏡表面凸出。雖然任何一個發光點發出的光，照到凸面鏡上被反射回來，都會形成一個發光點，但這個發光點會變小。同時，與平面鏡相比，**凸面鏡可以照出更多的物體，比如汽車後視鏡就是凸面鏡，可以讓視野變大。**

而勺子的正面則是凹面鏡（向內下陷），一個發光點放在凹面鏡

前面，如果距離合適，發光點看起來會是在勺子前面，而非裡面。但這個點和真正的發光點不是對稱的，因此物體（很多發光點的集合）的影像就會縮小、倒立。

　　凹面鏡比凸面鏡更好玩、更複雜。我們可以做一個實驗。拿一把勺子，先對著勺子背面豎起一根手指，你會看到勺子背面出現一根縮小、正立的手指；將手指慢慢靠近勺子，你會看到手指慢慢變大，但大小永遠不會超過你的手指。在離勺子一定距離的地方，對著勺子的正面豎起一根手指，你會看到一根縮小、倒立的手指；將手指慢慢靠近勺子，你會看到倒立的手指慢慢變大，甚至變得比你的手指還要大；繼續將手指靠近勺子，你會突然看到**一根正立、放大的手指**——化妝鏡基本都是凹面鏡。

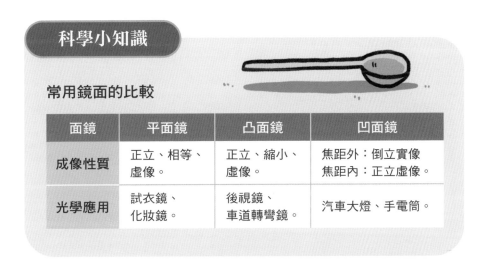

科學小知識

常用鏡面的比較

面鏡	平面鏡	凸面鏡	凹面鏡
成像性質	正立、相等、虛像。	正立、縮小、虛像。	焦距外：倒立實像 焦距內：正立虛像。
光學應用	試衣鏡、化妝鏡。	後視鏡、車道轉彎鏡。	汽車大燈、手電筒。

有哪些因素是看不見，
卻具有關鍵作用？

　　有時候，越是常見的現象，往往越不容易解釋。這個問題就是一個例子。

　　水的性質大都和溫度有關，例如水在 0℃ 以下結成冰、100℃ 時會變成水蒸氣。此外，還有一些不易觀察到的因素，例如說密度，**在 4℃ 以上時，水的密度會隨著水溫的升高而變小。**

　　這個變化會導致冷水和熱水倒出時聲音不同嗎？

　　實際上，**同樣體積的水，95℃ 的水比 5℃ 的水輕 4% 左右**，但這樣細微的差別，也不是最主要的原因。

　　再來看黏度——和密度一樣，也很難直接看出來。比較容易觀察到黏度的東西，有優酪乳、蜂蜜等。雖然水的黏度不易觀察，但事實是，**溫度低的水的確比溫度高的水黏度大，5℃ 冷水的黏度是 95℃ 熱水的 5 倍。**根據這一點，我覺得黏度小應該是熱水倒出時聲音悶的原因之一。

　　也有人認為，當熱水和溫度較低的容器接觸時，熱水和容器壁之間會產生氣泡，而氣泡具有隔離作用，因此熱水倒出時發出的聲

音比較悶；至於冷水，則是直接與容器壁相撞擊，因此聲音聽起來比較清脆。

這也有可能。畢竟不同物體間是否直接接觸，所產生的效果還是有很大的不同。

還有一個現象，也能用來說明此原理：我們溜冰時，冰鞋的冰刀和冰面之間會摩擦生熱，使冰面融化形成薄薄的一層冰水混合物[7]；當摩擦力減小了，我們就能在冰上快速自由的滑行，而不會像走路時那樣慢吞吞。

倒蜂蜜和優格也太難了！

---

7. 臺灣常見的教科書說法是，冰刀壓在冰面上因接觸位置壓力很大，根據水的三相圖（氣相、液相、固相）來看，冰塊會在高壓下變為液態。

26 星星 為什麼會發光？

> 想變得閃閃發光，
> 就要釋放能量。

在經歷數千年對世界的探索之後，科學家有了這樣的發現：我們的物質世界可以用還原論（Reductionism）來解釋，具體來說，就是在一個多層級系統中，上一層級的原理可以用下一層級的元素及其相互作用的性質來解釋。

還原論是當今經典科學的重要理論，可以用來解釋我們遇到的絕大部分現象。例如，燃燒和發光可以用化學反應，以及原子中的電子運動來解釋；星球之間的相互運動可以用萬有引力定律

（Newton's law of universal gravitation）來解釋。

物理學家在用還原論歸納、總結了眾多現象後，告訴我們：自然界有4種基本相互作用力——**重力、電磁交互作用力**（Electromagnetic interaction）、**強交互作用力**（Strong interaction）、**弱交互作用力**（Weak interaction）。

既然發光可以用電子的運動來解釋，那星星發光也是因為電子的運動嗎？

答案是否定的。

不是所有物體所有的發光都和電子運動有關，星星（這裡指的是恆星）發光一般與原子核內部的變化有關。具體來說，恆星之所以會發光，是因為質量小的原子核在融合成質量大的原子核的過程中，釋放了巨大的能量。

這種**質量小的原子核變成質量大的原子核的過程，被稱為核融合**（Nuclear fusion）。

其實，恆星的一生，大部分時間都在發生原子核融合反應，其過程十分複雜。

簡單來說，就是4個氫原子核變成一個氦原子核。由於4個氫原子核含有的能量比一個氦原子核含有的能量要大得多，核融合過

程中，多出的能量很多被反應中產生的光子（Photon，光的基本粒子）所攜帶，還有一些能量被一種叫中微子的粒子所攜帶，光子和中微子從恆星中「跑」出來，恆星因此才被我們人類看見。

不過，使星星發光的核反應與核電廠發電的核反應並不相同，核電廠利用的是核分裂（按：nuclear fission，又稱核裂變），也就是質量大的原子核分裂成質量小的原子核的過程。兩者的共同點是都會釋放出巨大的能量。在很多科幻小說中，飛行速度非常快的星艦就是利用核融合來提供動力。

長久以來，科學家一直在研究如何在地球上利用核融合，例如製造出「人造小太陽」（核融合反應堆）。

但目前這還無法實現，因為太陽的核融合反應進行得太快，類似於很多氫彈同時爆炸。這樣劇烈的反應會使能量快速釋放，而這些能量人類還無法加以利用。目前，使核融合的過程變得溫和、可控，是科學家在能源研究方面的主要課題。

第 **2** 章

規律，
是解決問題的武器

我們在這裡！

① 為什麼 1+1=2？

誰說的？

 一杯水

一群  鳥

一群  羊

一朵  雲

一隻

= 一大杯水

= 一大群鳥

= 一大群羊

= 一大朵雲

= 10 根手指

歲歲
年年

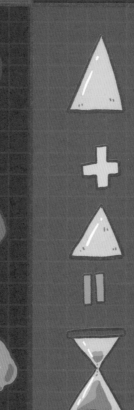

數學思維，
是思考問題的一種方式。

　　1 ＋ 1 等於幾，這是一個看起來很簡單、實則很難，而且和很多抽象數學概念有關的問題，例如自然數（按：用來數數和排序的數）、加法法則等。

　　比方說，我們統計蘋果數量時，會很自然的數一個、兩個……這些能用來計量蘋果的數量就是自然數，一般會用阿拉伯數字 0 ～ 9 共 10 個計數符號來表示。

　　很明顯，一個蘋果加一個蘋果，就是兩個蘋果，這樣一來，1 ＋ 1 ＝ 2 就是根據定義自然得出的結果。同樣的，兩個蘋果加上一個蘋果，就是 3 個蘋果，這可以表示為 2 ＋ 1 ＝ 3。

　　在日常生活中，自然數加起來，很容易會讓人產生「一堆」、「一組」、「一群」等印象，這其實與數學概念集合有關，也就是表示數個物件所形成的集體。

　　按照數學家的說法，組成集合的每個物件叫做元素，例如一個班，它的元素就是這個班裡的學生。有限的集合含有的元素也是有限的，例如一個班有 20 名學生，20 就是這個集合的基數（cardinal number，對應量詞的數，例如「一顆蘋果」中的「一」）。

此外，不同集合可以一一對應，例如班上學生每人都有一個學號——從 1 到 20，這時我們就可以說，這個班和 1～20 的自然數集合相對應；如果我們發給每名學生一個蘋果，那這個班就和 20 個蘋果這個集合對應起來。

在數學的世界裡，除了自然數，還有很多關於數的抽象概念，例如整數（包括自然數和負整數）、實數（包括有理數和無理數〔Rational & Irrational Numbers，前者為可以準確掌握的數值，如整數、分數、有盡小數和循環小數；後者則是有理數以外的實數，如平方根〕）等。

其中有些概念不太好理解，例如無理數，古希臘數學家畢達哥拉斯（Pythagoras）也曾不承認它的存在。

我們也可以這麼說，1＋1＝2 在數學領域算是一條公理，屬於不證自明的事實。但如果你要問為什麼 1＋1＝2，證明 1＋1＝2 可是一項艱巨的任務！因為它的驗證過程將牽扯到很多數學概念，世界上很多大科學家都曾嘗試加以證明。1＋1＝2，既簡單又複雜。

②π 有多少位？

求索本身就是幸福的。

π 代表圓周率，也就是圓的周長與其直徑的比值，約等於 3.14，是數學中應用最廣的常數之一。而且，它的計算精確程度，還反映了文明社會科學發達的程度。大約 4,000 年前，古巴比倫人和古埃及人就得到了 π 的近似值。中國東漢天文學家張衡也得出了 π 的近似值；後來，魏晉時期的數學家劉徽，更發現了 π 小數點後四位的有效值；而後，南北朝時期的數學家祖沖之，甚至將 π 精確到小數點後七位，並保持此紀錄約 1,000 年之久。

可是，無論人們計算到小數點後多少位，得到的永遠只是 π 的近似值。這是因為 π 是個無理數，也就是無窮不循環小數，小數點後位數無窮多。據說，曾有科學家用一臺超級電腦將 π 值精確到小數點後 62.8 萬億位。π 的神奇之處還不僅如此。有研究發現，**世界上所有人的出生年月日、手機號或銀行卡密碼等數位組合，都可以在 π 中找到。**

除了 π，數學中還有一個重要的常數—— e，即自然底數（又稱尤拉常數），其前三位是 2.71。自然常數有什麼用？

　　舉例來說，我們知道，在銀行存錢一般都有固定利率，可以產生利息，那麼如果在錢產生一點點利息時就全部取出，再馬上存入銀行，不就可以不斷的讓利息去滾利息，最後我們不就有無限多的錢了嗎？

　　這時自然底數會告訴我們，無論我們取錢取得多快，最終得到的金額也不會多於某個固定值。

　　圓周率 π 是人們接觸的第一個特殊的無理數，它和自然底數 e 都廣泛應用於現代科學領域，包括電磁場理論、運動學方程、天體物理學、量子力學等。雖然大多數時候，我們僅使用它們的近似值，但這並不妨礙我們發現和改造身處的奇妙世界。

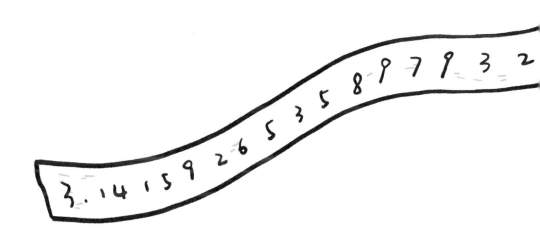

化整為零，
可以解決看似複雜的問題。

　　微積分，這種專業術語我平時不愛用，但是既然有人感興趣，我就暫且用一次吧！

　　實際上，微積分是微分和積分的合稱，當然，這裡的「積分」不是商場的購物積分。

　　假如這裡有一堆牙籤（也不知道是誰這麼浪費，弄來一堆牙籤）。現在，我們從這堆牙籤隨手拿出一根來，這就叫做這堆牙籤的「微分」。

　　這個比喻夠具體了吧？一根牙籤，不就是一堆牙籤中微小的一分子嘛！

　　當我們一根一根的抽走牙籤，讓它們排列整齊、不再堆在一起。這就是將整堆牙籤微分。接下來，我們再將這些牙籤歸攏成一堆，這就是將這些牙籤積分。

　　傻乎乎的做這些事有什麼意義？簡單的說，微分這堆牙籤時，你就知道牙籤有多少數量；再把牙籤歸攏成一堆（就是積分），你當然還是知道牙籤的數量。

這時如果剛好有人走過來，你就可以對他說：「我知道這堆牙籤有多少根！」你就等著看他當場驚呆的表情吧！

這就是微積分令人驚嘆的地方。

簡單來說，**微積分是一種推理系統，包括切分和重組兩個步驟，其方法就是先把一個複雜的問題切分成無窮多的簡單部分，加以量化並分別求解，最後再把所有結果組合起來。**

當然，數學家運用的微積分更複雜，但原理就是前面我提到的這個看上去不怎麼聰明的過程。不過，可不要小看數學家，他們就是**用這種方法算出圓的面積、球體的體積**，還可以解出好多難以想像的難題，例如行星的軌道長度。

規律雖然無法創造，
但可以利用。

　　這個問題和負數有關。在日常生活中，負數不像正數那樣常見，例如蘋果的數量用抽象的數字來表示，可以是 1、2、3……沒有人會說「我有 −1 個蘋果」，對吧？但人類的想像力是無窮的，人類充分發揮想像力，透過抽象的概念來解決實際問題。

　　我們再以蘋果來舉例。從一堆蘋果中拿走一個蘋果，就相當於一堆蘋果加上「−1 個」蘋果。這就是 −1 個蘋果的神奇作用。

　　比方說，從兩個蘋果中拿走一個蘋果後，剩下一個蘋果，這種情況用數學方法怎麼表示？它既可以用減法等式「2−1 ＝ 1」來表示，也可以用加法等式「2 ＋（−1）＝ 1」來表示。這就和負數的加法運算有關了。

　　接下來，我們再來講加法等式，從等號左邊移到等號右邊的情況，也就是移項（按：包括加變減、減變加、乘變除、除變乘）。

　　以下還是舉最簡單的例子：1 ＋ 1 ＝ 2。在這個等式兩邊去掉一個 1，就得到 1 ＝ 2−1，相當於將等號左邊的一個 1 移到了等號右邊。如果是這樣，我們會得出什麼結論？那就是，等號左邊的正數

移到等號右邊，就變成了負數。

　　如果將此規則從正數應用到負數，將前面提到「2 +（-1）=
1」中等號左邊括弧中的-1移到右邊，就得到：2 = 1 + 1。看，原
來等式中等號左邊的數字-1移到等號右邊時變號了。

　　可見**減法來自加法**。當然，這裡為了方便說明，只討論了整
數，實際上這個規則適用於所有有理數和無理數。此外，生活中也
有許多負數的例子，例如我們談到溫度時就會說零下幾度，地下樓
層有時也被稱為負幾層的說法。你還知道哪些使用負數的情況？

怎麼
收入是負數？

5 我們看到的火是氣體嗎？

看不到不代表不存在。

我們對很多事物的正確認識都是逐步形成的，例如火的知識就是這樣。人類對火一開始並不了解，後來才研究透澈。

中國古代有五行說，即金、木、水、火、土是構成萬物的元素。古希臘的四大元素論（按：由希臘哲學家恩培多克利〔Empedocles〕所提出）和中國古代的五行說差不多，認為世界由水、氣、火、土4種元素構成。然而，這些認知仍屬於初步認知，並不完全正確。

我們要知道，**火不是一種基本物質，而是化學反應的一種現象：物體燃燒時出現的光和焰**；可燃物燃燒時，會與空氣中的氧氣發生劇烈的氧化反應，發光、發熱並釋放出二氧化碳和其他物質。

例如，平時家裡煮飯用的天然氣，它的主要成分是甲烷（CH_4）。當我們打開瓦斯爐時，甲烷被點燃，和空氣中的氧氣發生反應，生成二氧化碳和水。溫度越高，火焰越亮，火焰的顏色會從藍色變成白色。而我們常說的「白熱化」，指的就是因為某些物質在高溫（1,200℃至1,500℃）下會發出白光。

此外，其他常見的燃燒現象，像煤炭、木頭、紙燃燒，都是物質中含的碳和空氣中的氧氣發生了化學反應。

當然，除了可燃物燃燒的發光現象之外，還有其他發光現象。例如，鐵在「燒紅」以後也會發光。我們常說太陽在「燃燒」，就是因為太陽表面溫度很高（6,000℃）而發光、發亮，當然，陽光的能量主要來自太陽內部。同樣的，夜空中星星發光的原理也是如此。

我們可以說，**任何物質只要溫度高到一定程度，就有可能發出人眼能看到的可見光**，這背後的原理就是——**構成物質的原子和分子被加熱後會放出更多光子**。從這個角度來看，火其實是能被人眼看到大量光子的集合體。

順勢而為，才能借勢發揮。

自然界存在著各種不同形式的能量：熱能、電能、太陽能、化學能、核能……其中，電能經過人們的開發，現已成為被廣泛應用的一種能源。

電能的本質是電荷（按：物體的帶電量）聚集在一起產生電位能（electric potential energy）。再比如，我們提高一個重物之後，這個重物便獲得了重力位能（Gravitational Potential Energy，物體在重力場中，依其位置所具有的位能）。那麼，電荷又是從哪裡來？

我們知道，構成物質的粒子有分子和原子，但本質上還是原子，因為分子是由原子構成。原子裡又有數量不等的電子，電子帶負電荷，而原子中心的原子核帶正電荷。電子離開原子後就成為自由電子，而少了電子的原子就帶正電。一般來說，導線中的電流就是由電子的流動而形成的。

如果用一根導線將兩個電位不同的物體連接起來，**電流就會從高電位流向低電位，這是自然界的基本規律。**人們用各種方法將電流在由高到低流動的過程中所攜帶的能量收集起來，並將其轉化成日常用電。最簡單的例子是電燈，電流加熱燈泡中的電阻絲，使其發光。

那麼，如何將自然界中不同形式的能量收集起來並轉化成電能？這就是發電廠的工作了。不同發電廠發電的方式不同：火力發電廠透過燃燒煤炭，將熱能轉化成電能；水力發電廠將水的重力位能轉化為電能；核電站將核融合的能量轉化為電能；還有一些發電站利用太陽能、風能等潔淨能源發電。

發電廠發出的電應該盡量輸送出去消耗掉，因為富餘的電能即使儲存起來，也會在儲存過程中浪費不少。不過，我們也有一些可以蓄能的方法，例如利用水庫儲存重力位能、利用蓄電池儲存化學能等。人類總有辦法！

7 什麼是量子？

吾生也有涯，而知也無涯。

　　量子和量子力學近年來蔚為話題，其實它們是一套理論，用來描述微觀世界。要用有限的篇幅解釋這一理論，連天才發明家阿爾伯特・愛因斯坦（Albert Einstein）都做不到，所以我就重點講一下量子的主要特徵。

　　我們知道，物質由分子和原子構成，分子和原子又由更小的粒子構成。粒子所處的微觀世界非同尋常，它們的運行規則大大顛覆了我們的日常認知。

　　以石頭為例，將一塊石頭砸成許多小石子，可以類比為將宏觀物體分解成微觀粒子。

　　按照常理，我們將一塊石頭（不論是整塊大石頭，還是小石子）扔出去時，可以看到它在空中劃出一道漂亮的曲線，它的位置和速度是可預見的，也就是我們知道它將落在哪裡。

　　那麼，如果一塊石頭被砸成分子級別、看不見的「微觀小石子」，我們將它們扔出去後會發生什麼？我們無法確定它們將在何時落向何處。**科學家發現，在任何時候，這些微觀小石子的位置都是**

不確定的，是無法預測的，這就是量子世界的基本規律——不確定性原理。

也就是說，在微觀世界粒子會滿天飛，抓也抓不住。而神奇的是，這卻與我們在宏觀世界的日常經驗並不相悖。這又是怎麼回事？例如，構成物質的原子內部幾乎是空的，電子和原子核要比原子小不止 10 萬倍。原子內部如此之空，就等於物質內部同樣是空的了吧？那麼，**兩塊相撞的石頭為什麼不會對穿而過**？

在這個時候，不確定性原理就發揮作用：的確，與原子相比，電子的大小幾乎可以忽略不計；但從電子的角度而言，原子內部並非空空如也，電子在原子內部滿天飛，幾乎無時無處不在，使得其他粒子很難進入，兩個原子因此無法輕易的對穿而過，兩塊石頭也是一樣。

這些微觀粒子和它們之間的基本運行規則，就是量子和量子力學的核心。

來抓我呀！

追求極限，才能有所突破。

　　達到光速就是像光一樣飛行。這句話聽起來像一句廢話，但愛因斯坦就從中推導出了不起的相對論（Theory of relativity）。

　　據說，愛因斯坦在 16 歲就提出了這樣的疑問：假如我們跟著光一起跑，會怎麼樣？當時的科學家已經大致測出了光速——大約每秒 30 萬公里，也就是說，**光可以在短短一秒之內繞地球赤道跑 7.5 圈！**但他們不知道世界上有沒有比光跑得更快的東西，例如一隻獵豹如果使出吃奶的力氣，會不會跑得比光更快？我們先不管愛因斯坦是怎麼推導出相對論的，先看他的結論：**任何我們知道的事物，飛機也好，獵豹也好，再怎麼努力也追不上光。**

　　那麼，在已知事物中，為什麼光的速度是最快的？

　　打個比方來說，我們知道，一身輕鬆的人比負重前行的人走得更輕快。微觀世界的情形也類似，粒子靜止質量越小，越容易達到更快的速度。**在所有微觀粒子中，光子的**

靜止質量最小，所以光子的速度最快。

愛因斯坦還發現，理論上我們可以將自己的速度慢慢加快直至接近光速，但速度越接近光速，需要的能量就越多。

怎麼解釋這個現象？也許你聽過用來使帶電粒子加速的加速器，在加速器中，帶電粒子的能量會變得越來越大，速度也越來越接近光速，但帶電粒子的速度永遠無法達到光速。

要知道，如果一個帶電粒子的質量不為 0，那麼當它的速度達到光速時，所需的能量將會是無限大，而提供無限大的能量是不可能的。因此，帶電粒子的速度無法超過光速。而無論是人還是人之外的動物或植物，都是由粒子構成的，當然也就不可能實現超光速。超光速只是一種美好的想像。

⑨ 為什麼紅燈

> 欲知平直，則必準繩；
> 欲知方圓，則必規矩。

　　我特別喜歡這個問題。它和一個常見的現象有關，但很多人不太懂或根本沒有思考過這個現象背後的原理。我正好可以藉此機會來介紹光的波動理論和量子力學。

　　為了讓大家更容易理解，我們先來想像一個場景：安靜的小池塘中央，有一座觀景臺。如果我們把一顆小石子扔進池塘裡會發生什麼事？這個小石子將濺起水花，並激起一圈圈向外擴展的水波。這些波擴展到池塘中央的觀景臺

停、綠燈行？

時，有的繞了過去，有的因為繞不過去就此中斷。我們可以根據這一現象得出這樣的結論：繞過觀景臺的水波波長比較長，無法繞過觀景臺的水波波長比較短。

有的人可能要問：紅燈停、綠燈行不是在說交通號誌嗎？這和水波有什麼關係？兩者的共通之處在於：**交通號誌發出的光也屬於波**（根據量子力學的理論，光還是粒子）。因此，波長較長的光更容易穿過雨霧（就像水波繞過觀景臺一樣，繞射能力強），照得更遠，更容易被駕駛和行人看到，這樣道路安全才更有保障；而波長短的光穿過雨霧傳播的距離比較短，如果交通號誌發出這樣的光，駕駛和行人很可能沒看清楚就已經來到路口，交通號誌燈就失去警示作用了。

好了，聰明的你現在明白了吧？紅光的波長比較長，照得更遠，更醒目，所以紅燈用來提醒我們提早準備，及時停下來；而綠光的波長比較短，因此綠燈被當作通行的號誌燈。後來，黃燈也成

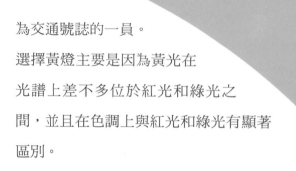

為交通號誌的一員。

選擇黃燈主要是因為黃光在

光譜上差不多位於紅光和綠光之

間，並且在色調上與紅光和綠光有顯著

區別。

科學小知識

楊氏雙狹縫干涉實驗

　　十九世紀，量子力學領域有一項著名的實驗：讓一束光通過兩條狹縫投射到屏幕上。

　　人們想當然的認為屏幕上會出現兩道光，但實際上我們會看到一系列明暗交替的條紋，就像兩組水波發生干涉後形成的波紋。這個實驗證明了光具有波動性。

學習不是簡單模仿，
而是掌握技巧和方法。

你會吹口哨嗎？我不太會，看到別人吹出很響亮的口哨就會暗自嫉妒的想：會吹口哨算什麼本事，吹得再響，也沒有體育老師的哨子響。

其實，吹口哨的原理和吹哨子的原理一樣。我們把體育老師常用的那種哨子「解剖」開來看看吧！

它的結構很簡單：用來吹氣的哨口連接一個空氣柱，空氣柱裡有一個輕質小圓球，哨子上還有一個吹孔。

當我們吹哨子時，這個小圓球就會在空氣柱裡轉動。輕吹哨子時發出的聲音很小，用力吹時聲音變大。這就和人們吹口哨的情形差不多，有柔和的哨聲，也有高亢的哨聲。

從物理學的角度怎麼解釋哨子的發聲原理？我們將空氣吹進哨子的空氣柱裡，氣流會產生振動，振動的波在空氣柱中來回激盪逐漸變大——在很多與波有關的儀器中都有共振器。空氣柱裡的小圓球被吹動，它來回滾動會使空氣柱的形狀發生改變，這樣共振引起的聲音才會變化。

人在吹口哨時，其實就是用嘴做了一個「人肉哨子」。口腔就是這個哨子的空氣柱，撮起來的嘴脣就相當於哨子上的吹孔，而舌頭就成了哨子空氣柱裡的小圓球。我們小聲吹口哨，聲音婉轉動聽；使勁吹口哨，聲音就會變得尖銳、甚至刺耳。

運用空氣振動發聲原理的樂器有很多種，最常見的就是笛子，還有簫、嗩 、小號、蘆笙（按：苗、傜等中國少數民族流行的吹奏樂器）等，不過每一件樂器又有各自獨特的發聲原理。這就是另外一個領域的學問啦！

氣流

今天嗓子有點啞！

堅持不斷的工作，
需要動力。

　　世界上所有用電來驅動東西的工作原理都大同小異。所以，雖然這個問題是問電風扇和洗衣機，其實還可以推及電車、高鐵等。這是因為它們運轉的核心都是馬達，甚至連冷冰冰的電冰箱也和馬達有關。

　　你可能會問，電冰箱不是使用製冷裝置嗎？哪裡需要用到馬達？你不知道的是，電冰箱製冷的關鍵，是利用空氣壓縮機來壓縮空氣，而空氣壓縮機就是由馬達驅動的。

　　好，言歸正傳！簡單來說，電動機接上電源就能轉起來，可以用來驅動很多物品。例如，電風扇就是將風扇的葉片直接安裝在電動機的定子（stator，指電動機、發電機、步進馬達〔使用脈波信號控制的馬達〕的基本構造中，保持固定不動的部分）上。

　　電動機的工作原理其實很簡單，我們可以試著動手做一臺電動

機來了解一下。是的，你沒聽錯，就是自己動手組裝一臺電動機。先準備一節乾電池、一根金屬線（可以是銅線或鋁線）和幾塊鈕扣磁鐵。如下圖所示，先將鈕扣磁鐵疊放在電池的底部，再將金屬線圍成一個有開口的框，並將其中一條邊在中間折個彎，搭建在電池的頂部。一鬆手，磁鐵就會帶動金屬線框，在磁場的驅動下轉起來！看，像不像個小電扇？

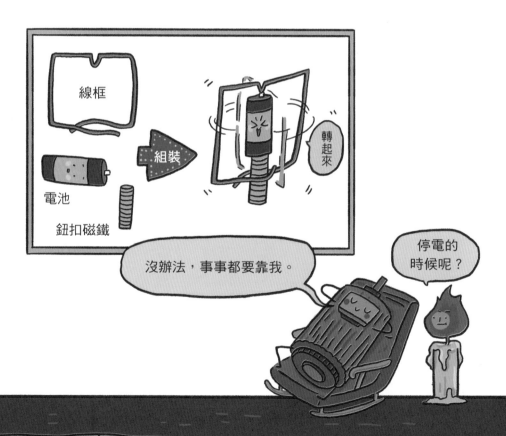

12 鱼是怎麼用力跳出水面的？

想當年，我躍龍門……。

很多時候，
力氣沒有技巧和意願重要。

魚躍出水面和在水裡游動的原理差不多。那麼，游動的魚是如何獲得前進的動力？

答案是藉由擺動軀幹和尾鰭，我還沒見過不擺動身體就能向前游的魚。

一條魚既然能透過擺動獲得向前的動力，也能透過同樣的方式獲得躍出水面的動力。當然，魚的身體擺動得越快，就躍得越高。這就是簡單的能量守恆定律（law of conservation of energy）：魚躍出水面時，它的動能轉化為位能。而且，基本上，**一條魚躍出水面的高度與它的體重無關，而是與游動的最大速度有關。**

我養過錦鯉和金魚。金魚身體擺動得很慢，我根本不擔心牠們跳出魚缸，但錦鯉就不同了，牠們不僅很漂亮，而且身體擺動得也很快，所以我總是擔心牠們跳出魚缸。

那人類不是也會游泳嗎？

有沒有可能衝出水面成為「海上飛人」？

　　人類游泳一般有 4 種姿勢：蛙式、自由式、仰式和蝶式。即使
是世界上游得最快的人，游完 100 公尺也需要將近 50 秒。而海裡的
旗魚的最大速度是每小時 110 公里左右，也就是說，牠們游完 100
公尺只需 3 秒多。人類和牠們的差距可大了。

　　總之，從人類游泳的速度來看，人類是無法在游泳時從水中躍
出水面的。不過，我們沒必要和魚比誰游得快，畢竟游泳只是人類
的一種運動方式，而不是生活方式。

掌握解決大問題的小竅門，
學做生活的有心人。

現在我們知道，地球的質量大約是 6 億億億公斤 [1]，這是一個大到難以想像的數字，到底有多大？假設地球上有 70 億人，每個人的平均體重為 70 公斤，那麼全人類的總體重約為 5,000 億公斤。

人類的總體重我們可以算出來，大不了去秤每個人的體重，然後將所有人的體重加起來。但是，世界上不存在能給地球秤重、巨大無比的秤，人們是怎麼知道地球質量的？

我們先來看看有哪些已知條件。

首先是地球表面的重力加速度（g）。根據牛頓的萬有引力理論，該加速度與 3 個量有關：地球的質量（M）、地球的半徑（R）和萬有引力常數（G），用公式表示為 $GM = gR^2$。重力加速度 g 由牛頓測定。

地球的半徑可以透過地球的圓周長度推算出來（圓周長的公式

---

1. 地球直徑達到 12,742 公里，重達 6×10^{24} 公斤。

為：$C = 2\pi R$，其中 π 代表圓周率，R為半徑）。

說到地球的圓周長，這個數據倒是很久就確認了，並且還與一個流傳很廣的故事有關。

在兩千多年前的古希臘，有一位天才科學家埃拉托色尼（Eratosthenes），他根據「一條斜線穿過兩條平行線，內錯角相等」等簡單的幾何學知識，計算出地球的圓周長為 39,376 公里。這與我們今天確認的地球赤道的周長 40,076 公里相差不大。

最後，要根據公式推算出地球質量M，還必須知道萬有引力常數G。不過，因為兩個普通物體之間的萬有引力實在太小，連牛頓自己都沒有計算出來。

一直到 100 年後，英國物理學家亨利‧卡文迪西（Henry Cavendish）發明了一種非常精確的扭秤，才測出了這個常數。當然，他同時也公布了地球的質量。

今天，人們不僅能精確的測算出地球的質量，而且還能透過衛星來測定地球的質量分布情況，並以此來輔助探礦。

還是上秤最簡單！

14 聖母峰的高度，是怎麼調查出來的？

嘗試利用已知訊息
和熟悉的規則解決問題。

粗略測量一座山的高度，其實不是什麼難事，但要精確測量山的高度卻是一項艱巨的任務，尤其是在地形特別複雜的情況下。我後面會再詳細解釋原因，現在先告訴你一個簡便的方法。

以測量樓房高度為例。為了得到相對精確的資料，我們會先測出站立點與樓房的垂直距離，再用水平儀和量角器測出樓頂的仰角。這樣，我們就可以根據畢氏定理（Pythagorean theorem，平面上的直角三角形兩條直角邊長度的平方和，等於斜邊長的平方）計算出樓房的高度。

測量一座山的高度也可以採用這樣的方法，也就是透過山腳下已知的幾個定點與山之間的垂直距離、與峰頂的角度，測算出山的高度，這就是大地三角測量法。

　　人類首次準確測算出聖母峰的高度，採用的就是這種方法，當時測得的高度是 8,848 公尺。但如果數值單位要精確到公分，這個方法就不太管用，因為觀測角度不同，會產生測量誤差。

　　再加上，聖母峰周邊連綿不斷的山脈和複雜地形的引力，使得該地區的水平面與同緯度海平面有較大差異，會更不利於測量。利用北斗導航衛星（按：北斗系統是全球四大衛星導航系統供應商）倒是一個新方法，但它也只能提供相對的高度差值；要確定聖母峰的高度，還需要建立在某個公認基準上，例如測繪人員透過水平儀將黃海高程[2] 基準值（按：中國法定的高程起算面）一站一站精確的傳遞到聖母峰腳下。

　　目前，聖母峰最精確的高度是 8,848.86 公尺。

---

2. 臺灣正高系統之水準零值基準是，以基隆港區內
　的潮位站天文週期的平均海水面來定義。

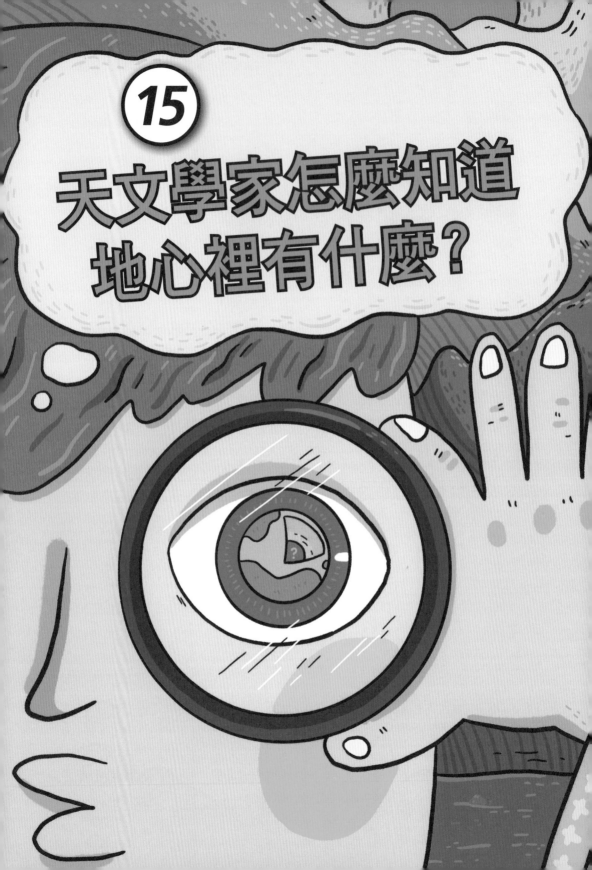

看，不僅要用眼睛，
還要用心。

　　現在我們都知道，地球的結構由外向內分為三大部分：最外面一層是地殼，地殼之下是地函，地函再往裡是地核，也就是地心。但這些常識是怎麼來的？就拿這個問題來說，地心在地球最深處，不僅難以觸及，甚至難以想像，那麼人們究竟是如何知道它的存在並開展研究？

　　宇宙雖然浩瀚無邊，但其中沒有什麼遮蔽物，我們可以用天文望遠鏡來觀測太空中形形色色的天體。而構成地球的大部分物質是固態的，光線無法穿透，可利用的電磁波也傳不了太遠，我們更不可能挖到地心。那麼，科學家是用什麼方法來探測地球深處？

　　我們知道火山爆發往往伴隨著岩漿的噴發，這些自地函上部噴湧而出的岩漿能為我們帶來地球更深處的資訊，有時和岩漿一起噴出的還有鑽石。鑽石的形成需要高溫、高壓，它的出現反映了地球深處的環境，所以鑽石也算是來自地心的信使。

　　地震時產生的地震波，也能告訴我們地下深處的資訊。丹麥地震學家英格・雷曼（Inge Lehmann）透過地震波傳到地面發生的偏轉

現象發現地核可分為兩層，最裡面的一層是固態，半徑大約有 1,200 多公里。

此外，地球在形成以來的 46 億年間，結構不是一成不變，對於固態的地殼是何時由液態的岩漿凝結形成，科學家可以透過比較來自地殼和太空的隕石來加以推測。

現在，科學家還可以透過衛星技術探測地球的萬有引力分布，從而倒推出地球的質量分布，這也能幫助我們研究地球結構。藉助越來越多的科學技術，人類勢必將更了解我們的地球家園。

科學小知識

人類目前最深的鑽探紀錄僅為一公里左右，連地殼都沒鑽透，更別說地殼之下厚達 2,800 多公里的地函。

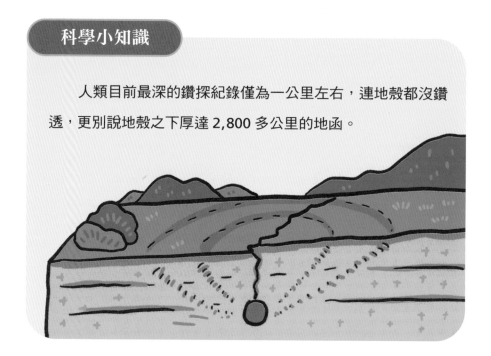

想像力能帶你去任何地方。

　　針對這個問題，還是讓我們先從地球上的情況說起。

　　在指南針發明之前，人類是怎麼判斷方向的？判斷方向的方法，就是先下定義：**太陽升起的方向為東方，落下的方向為西方。**一開始，人們看到太陽在一天之內由東向西慢慢移動，後來這種東升西落的現象，被證明是地球自轉造成的。而地球的南極和北極，就是地球在自轉時不會移動的兩個點。看地圖時，我們常用到一個口訣：上北下南左西右東。

　　現實生活中，我們有時用到指南針。那麼，指南針是如何確定方向的？

　　首先你要知道，地球周圍的空間有磁場，也就是我們常說的地磁場（earth magnetic field）。

　　如果將地球想成一個大磁鐵，該磁鐵的N極大約位於地理南極，S極大約位於地理北極。其中，地理北極是指地球自轉軸對應之北極，而地磁北極是指以磁針所指向的北極點。

　　現在再來看月球上的情況。由於月球沒有像地磁場一樣強度較

大的天然磁場，指南針在月球上沒有什麼用。

但我們倒是可以利用定義地球方向的方法，來定義月球上的方向：太陽升起的方向是東，落下的方向是西。當然，**在月球上的話，太陽一升一落的週期是 27.3 天，分辨方向要等上將近一個月**。

方向本來就是人為定義，並沒有絕對的標準。

好在月球的自轉軸和地球的自轉軸大致平行，所以，月球上和地球上的方向相差不大。假如有一天你在月球上迷了路，記得像古人那樣，透過看太陽升起和落下的方向，來尋找回家的路。

141

17

摩斯密碼
好學嗎？

規律，
是解決問題的武器。

　　我們會在電影和電視劇裡看到這樣的情節：被限制行動的人動一動手指或眨眨眼睛，就能把資訊傳遞出去。其實，他們用的就是有點神奇的摩斯密碼（Morse Code）。

　　摩斯密碼是一種很特別的溝通方式，具體來說，就是以點（·）和線（─）的排列組合，表示 26 個英文字母和 0 ～ 9。

　　點對應短促的信號「滴」，線則對應持續一定時間的信號「答」。我們知道電腦使用二進位，摩斯密碼也是這樣：滴代表 0，答代表 1。

　　說起來簡單，但要記住 26 個英文字母對應的組合並不容易，例如前三個字母 A、B、C 分別表示為「·──」、「──···」、「──·──·」，這是不是有些讓人摸不著頭緒？

　　雖然 26 個字母中，每一個字母對應的摩斯密碼所使用的符號不超過 4 個，但我們只能死記硬背。

　　相較於字母來說，0 ～ 9 這 10 個數字的摩斯密碼就好記多了：每一個數位都由 5 個符號組合而成，例如 1 表示為「·──

143

—— —— ——」，2 表示為「‧‧—— —— ——」、5 表示為「‧‧‧‧‧」；從 6 開始規則相反，依次減少點、增加線，0 表示為「—— —— —— —— ——」。

這樣一來，字母和數位就都有獨一無二的點線組合。為了區分一個單詞中的字母，點線組合之間還得有空格；為了區分字母和詞，詞之間的空格要比字母之間的更大。

不過，以上這些摩斯密碼的規則只適用於最基本的電報傳送。你可以先試著用摩斯密碼寫你的名字，也可以和朋友設計一套專屬於你們的祕密電碼。

想像力成就科學家和詩人。

我相信，數學定理到哪都適用，甚至在廣大的宇宙中，所有科學定律都一樣適用。數學定理的不變性容易被大多數人接受，**因為數學定理就是公理加上邏輯推演的結果**，它與我們身處何處無關；數字的加減乘除所得出的結果，既和地球的大小無關，也和太陽的溫度無關。但不以數學定理的適用性為前提，來談數學定理能否廣泛運用仍有待商榷。

例如，與幾何相關的公理就不止一個。我們平時運用到的幾何知識，大都建立在空間沒有彎曲的基礎上。大家很容易想像一個彎曲的面，因為生活中隨處都能見到曲面。我們有可能正居住在輕微彎曲的三維空間中。

德國數學家高斯（Carl Friedrich Gauss）就曾試圖測量我們所在的空間是否彎曲。他的方法很簡單，就是**設法測量一個想像中的巨大的三角形**，例如連接地球上相距甚遠的三個地方，再看這個三角形的內角和是否為 180°。

如果不是，那就代表我們所在的空間是彎曲的。但他沒有成

功。後來，愛因斯坦提出了相對論，認為質量使空間發生彎曲。

事實的確如此，由於地球和太陽質量巨大，我們所處的空間是彎曲的，只不過彎曲程度非常小，以至於我們無法測出。

除了數學定理，物理定律是否也具有普遍性？

物理學家為此研究了近百年，例如觀測構成恆星的元素發出的光譜，與地球上同樣元素發出的光譜是否有所不同。如果光譜發生了改變，就代表構成恆星的元素所帶的電荷，與地球上同樣元素所帶的電荷有所不同。

但到目前為止，人們還沒有發現物理定律在不同時間、不同區域有何改變。根據現有觀測成果，數學、物理學的相關知識不僅適用於地球，也適用於其他星球。

或許，在我們所處的宇宙之外，還有很多其他宇宙（多元宇宙觀），其世界的運行規律也有所不同（如果有規律的話）。

那麼，除了數學、物理學，語言、音樂、美術呢？在地球以外的星球存在嗎？想像力，可以幫助你抵達人類科學無法抵達的地方。

看來，只有外星人不用做作業！

原子1號

認知起於無知，
就像宇宙無中生有。

　　宇宙大爆炸發生在至少 137 億年前，當然，137 億只是一個約數
（按：大約的數目），137 後面應該還有很多位具體數字，只是科學
家目前還無法根據已有的觀測資料確定，也就是說，人類尚不清楚
宇宙大爆炸發生的精確時間。

　　但宇宙大爆炸那一刻發生了什麼，科學家卻很清楚，這是因為
越是早期宇宙，觀測起來就越簡單。可以說，在大爆炸之後的 38 萬
年內，宇宙的構成並不複雜：宇宙中充滿了炙熱的氣體，這些氣體
主要由粒子組成，當然還有所謂暗物質（Dark Matter，指不與電磁
力產生作用的物質；請見第 183 頁）。

　　在宇宙大爆炸之後的一秒內，宇宙氣體主要由電子、質子、中
子和它們的反粒子組成；大約 3 分鐘之後，才出現了質量比較小的
原子核，如氦原子核。

　　隨著宇宙年齡的增長，宇宙中氣體的溫度越來越低，有些質量
較大的粒子的運動速度也降了下來（但這是以相對光速來說，粒子
的絕對速度仍然很快）。大爆炸發生 38 萬年後，電子和質量較輕的

原子核合併，不帶電的原子出現了。

我們可以說，在此之前的宇宙氣體都是電漿態[3]（plasma state，物質繼固態、液態和氣態之外的第四態），而在此之後的宇宙氣體則是電中性的——正因為這樣，光和宇宙微波才可以在空間中自由的傳播。

光，我們都有所了解，宇宙微波其實離我們也不遠：電視螢幕上出現的雪花點和雜訊（這些干擾也是能量）就是由宇宙微波背景（Cosmic Microwave Background，簡稱CMB，又稱3K背景輻射）引起，這種來自宇宙空間背景的微波輻射作為宇宙初期環境的重要殘留物，證實了宇宙大爆炸的存在。

當然，你也許會追問，炙熱的氣體又是從哪來？這是個好問題！目前，多數科學家接受了宇宙暴脹理論：一種神祕能量在宇宙誕生的瞬間，將它由一個微觀的空間「吹」成一個籃球大小，然後這種神祕能量變成了氣體——而這一切發生的時間遠遠不足一秒鐘。這就是令人不可思議的奇蹟吧！

---

3. 一種呈現部分游離或完全游離狀態的氣體，由離子、電子與中性的原子或分子所組成；科學家估計宇宙中有近99%都是電漿態。

好問題，
是通往未知世界的指南針。

我們知道物質由分子和原子構成，其實分子也是由原子構成，而原子包括原子核和電子，原子核又包括質子和中子──質子帶正電，中子不帶電。

最早發現中子星（neutron star，除黑洞外密度最大的星體）的科學家認為，這種不同尋常的天體主要由中子構成，並且所有中子都緊緊的擠在一起，中子星並非一個巨大的中子。那麼，中子星是怎麼來的？

科學家推斷，一顆普通恆星，例如太陽，最後會坍縮成白矮星（按：演化到末期的恆星；低光度、體積較小）；一顆質量是太陽質量 20 倍以上的恆星，最後會變成黑洞；而**一顆質量是太陽質量 8 ～ 20 倍的恆星，最後會變成中子星。**

由於恆星基本不帶電，因此它爆炸之後形成的中子星也不帶電。或者可以換個角度來看，中子星更像是一個奇特的超大原子核：我們知道原子內部空空蕩蕩的，但在強大的引力作用下，電子經過極度壓縮，最後與原子核內的質子結合成中子。原子的體積被

大大壓縮，質量卻幾乎沒變。因此，幾乎僅剩下「原子核」的中子星有多緻密就可想而知了！

在一些科普書中就曾提到，一個火柴盒大小的中子星需要很多節火車頭才能拉得動。具體來說，一立方公分的中子星物質（和魔術方塊的一個小方塊差不多大）質量大約為一億噸，相當於一塊長、寬、高各為 500 公尺的地球物質的質量。至於中子星最重有多重，我們只能說它大約相當於兩個太陽的重量，科學家還不太清楚構成中子星的物質的性質，因此無法準確計算。

恆星演化過程

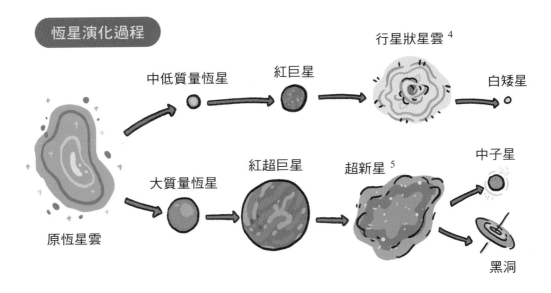

---

4. planetary nebula，大部分恆星的演化終點，實質上恆星拋出的塵埃和氣體殼。
5. Supernova，極亮的新恆星；恆星演化末期的一種現象，指星體因爆發而光度突然增加。

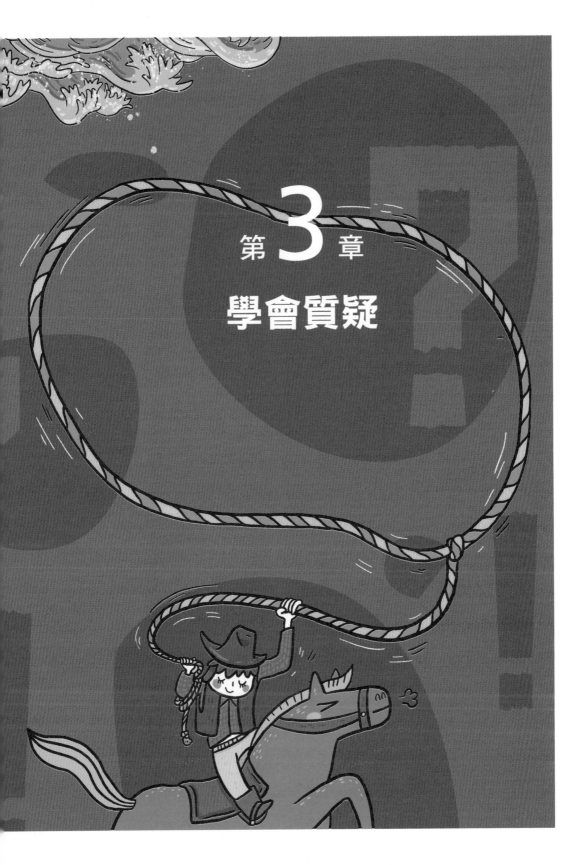

第 **3** 章

學會質疑

故事幫助我們更理解世界。

　　如果我告訴你，牛頓並不是被蘋果砸中頭才發現萬有引力，這個故事很有可能是杜撰的，你會不會很驚訝？事實上，科學領域很多類似的故事都是杜撰，或被後人加工過的。

　　例如，義大利科學家伽利略（Galileo Galilei）的比薩斜塔實驗就不是真實的；蘇格蘭工程師詹姆士・瓦特（James Watt）小時候看到水燒開的壺蓋，被蒸氣掀起而發明蒸汽機的故事也是假的。

　　在這 3 個例子中，瓦特的故事漏洞最大。因為早在瓦特出生之前，蒸汽機就已經被發明出來了，瓦特的貢獻是改良蒸汽機，顯然他並不需要從熱水壺得到靈感。

　　至於牛頓被蘋果砸中而發現萬有引力，還真容易讓人信以為真，因為過程的確十分撲朔迷離。牛頓首次公開發表萬有引力定律是在 1687 年，那時他已經 44 歲。而據他自己說，萬有引力是他年輕時逃避鼠疫回到家鄉期間發現的，那時他只有二十多歲。不過，牛頓被蘋果砸中頭的故事，還有另一個來源：法國思想家伏爾泰（Voltaire）在 1736 年出版的一本書，書中提及牛頓的外甥女告訴

他，牛頓在鄉下看到樹上的蘋果落地後陷入思考：到底是什麼讓蘋果落地的？

地球上的物體都有重量，牛頓根本不需要一個蘋果來啟發。我倒是比較相信，是地球上物體的重量及其運動軌跡和月球繞著地球轉，讓牛頓意識到萬有引力的存在。

一般人覺得地球上的物體有重量是很自然的事，但為什麼遠離地球的月球卻不會掉下來？為什麼它會繞著地球轉？如果能將兩者結合起來思考，我們或許也能像牛頓一樣，領悟到萬有引力才是地球上的物體有重量，以及月球繞著地球轉的原因。

不過，這些真假參半的傳聞並不妨礙我們去理解故事中蘊含的道理和規律。不僅如此，故事越有趣，越容易讓人記住。

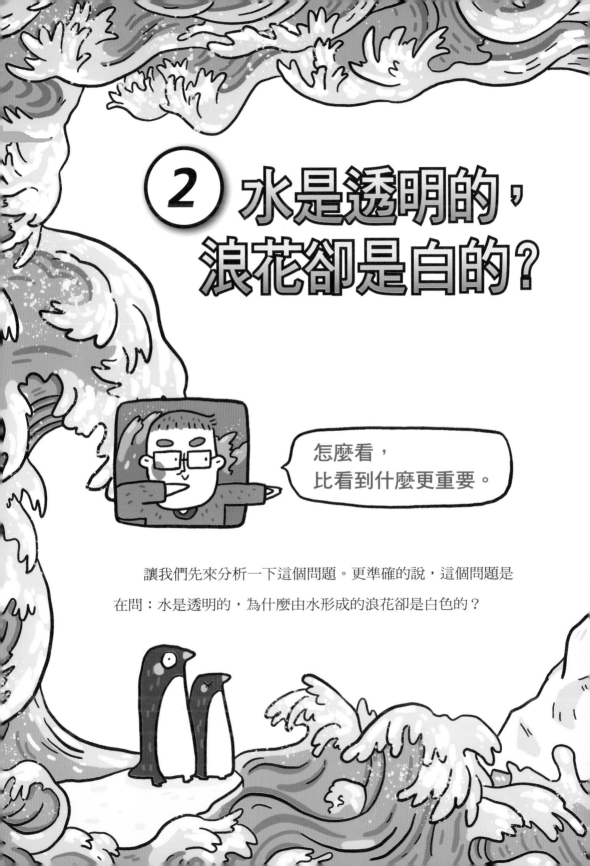

② 水是透明的，浪花卻是白的？

怎麼看，
比看到什麼更重要。

讓我們先來分析一下這個問題。更準確的說，這個問題是
在問：水是透明的，為什麼由水形成的浪花卻是白色的？

　　水是透明的，這是因為基本上各種顏色的光都能透過而不散射。這裡要注意的是，當水處於平靜狀態時，水面會反射光，並像平面鏡一樣映照出物體的像（雖然水本身沒有顏色）。只有夠純淨的水才是完全透明的，水越純淨，我們越能看清水底的東西。

　　水由水分子構成，單個水分子會吸收和反射一些固定顏色的光，但水分子構成的水既不吸收、也不反射光，所以水看上去就是透明的。

　　我們能看到水底的東西，是因為這些東西反射的光基本上能直接穿透水，進入我們的眼睛。那麼，為什麼由水形成的浪花看上去卻是白色的？

　　儘管浪花也是水，但浪花沒有

相對平靜的表面，**光在所有方向上都會**

發生反射，也就是會發生散射，所以浪花

看上去是白色的。玻璃也有類似的現象：一塊

平整的玻璃看上去是透明的，但一堆玻璃碎片看

上去就是白色的。

過就不及，
宇宙因為恰當才平衡。

　　整個太陽系大約有兩百顆衛星，這些衛星有大有小，都繞著行星轉。其實地球並不是衛星最少的行星，水星和金星還沒有衛星。不過，木星和土星各有 70 顆到 80 顆衛星，並且還不斷有新衛星被發現。

　　木星是太陽系裡塊頭最大的行星，所以它的一些衛星塊頭大，倒也不奇怪。可是作為地球衛星的月球，塊頭卻大得有點誇張。雖然與地球相比，月球確實不算大（半徑約是地球的 1／4，質量約是地球的 1／80）。可看看火星，它雖然有兩顆衛星，但大一些的火衛一（Phobos，目前已知離行星最近的衛星）的質量也只有月球質量的一千萬分之一。

　　一千萬是什麼概念？這就相當於很多城市或國家的人口總數量，你之於一座大城市的所有人，就相當於火衛一的質量之於月球的質量。

　　這麼一比較，就不難理解月球的特別之處，它是太陽系獨特的存在。怪不得有人說不應該將月球看成地球的衛星，應該說是地球

的小夥伴還差不多。

　　月球的獨特之處還在於：它的形成過程很特別。一般來說，一顆行星是一堆塵埃和氣體在萬有引力的作用之下慢慢形成的；其中一些塵埃和氣體在行星周圍的軌道上繞行星轉動，慢慢形成了衛星。但月球不一樣，它可能是在地球形成早期，一顆大約和火星質量差不多的行星撞擊地球後，碎片不斷聚集而形成的。

順勢而為，才最省力。

要回答這個問題，我要從很久以前說起……。

很久以前，三大起源——宇宙起源、生命起源和意識起源，就被視為難解之謎。不過今天，宇宙起源的面紗算是被掀開一角，至少大家都知道太陽系的起源。其中，以萬有引力的發現最為重要。

大家知道，一般情況下，地球上人自身的重力等於地球對人的吸引力，這種吸引力在萬事萬物之間都存在，所以被稱為萬有引力。遙想很久以前，太陽、包括地球在內的行星、衛星都不存在，宇宙中只有一些稀薄的氣體和塵埃，它們在萬有引力的作用下慢慢聚在一起，形成了許多團狀物（按：雲氣），其中一個就是太陽的前身。形成太陽的團狀物很大，所產生的引力也比較大；隨著它越縮越小，中心的物質越來越緻密，溫度也越來越高；最後，溫度高到足以引發核融合時，太陽便開始燃燒了。

除了形成太陽前身的團狀物之外，很多規模比較小的團狀雲氣後來形成了行星。例如，形成地球的團狀物同樣越縮越小，但由於它比形成太陽的團狀物要小得多，中心的溫度也未高到引發核融合

的程度，所以它最終演變成了無法「燃燒」的行星。

在太陽系中，與地球一樣都是固態行星（岩質行星）的，還有水星、金星和火星，它們也被稱為「類地行星」。而以木星為代表的行星屬於氣態行星，因為形成它們的大多數物質處於氣態，所有這些大行星看上去都是球狀的——在萬有引力作用下，形成球體所需的能量最少。

這有點類似水往低處流的原理，順勢而為才最省力。既然是這樣，那為什麼一塊土塊不是球狀的？這是因為它太小了，**它和地球之間的萬有引力不足以使它成為球體**。這也是很多小行星不是球體的原因。在太陽系之外，還有很多恆星和行星，它們的形成過程也很類似。

5 為什麼軟繩甩起來會變直？

矛盾雙方在一定條件下，
可以相互轉化。

　　提出這個問題的人很了不起！觀察得如此細微，實在值得表揚，更何況這一現象看似平常卻蘊含著非凡的道理。這個問題的解答和牛頓第二運動定律（Newton's second law of motion）有關：

　　物體的加速度與它所受的外力成正比，並與其質量成反比；物體加速度的方向則與所受外力的方向相同。

　　我們來做一個實驗。

　　將繩子一端繫上重物，甩動繩子並加速旋轉。你會發現，重物轉得越快，繩子繃得越直，並且其間你會感覺到從繩子繫重物的那端傳來一股向外拉的作用力。

　　根據牛頓第三運動定律（相互作用的兩個物體之間的作用力和反作用力大小相等、方向相反，且在同一條直線上），我們知道，繩子對重物也有一個向內的拉力。恰恰是這個向內的拉力使重物保持轉動：重物在作圓周運動時，不斷的改變運動方向，因此具有向內的加速度，也就是向心加速度──重物轉得越快，向心加速度越大，向內的拉力就越大。

當然，當繫上的重物越重，繩子向外的拉力越大，繩子也因此繃得越直。

這種繩子模型在宇宙中同樣適用。我們知道月球繞地球轉動是因為地球與月球之間存在萬有引力；由於月球距離地球不止 38 萬公里，它的向心加速度要遠遠小於我們在地面感受到的重力加速度。

而繞地球運行的近地軌道衛星（按：指距離地面高度較低的軌道，2,000 公里下的圓形軌道都可稱為近地軌道衛星）距離地面只有幾百公里，向心加速度接近地面的重力加速度，相較於月球的公轉速度，這些衛星轉得非常快，繞地球轉一圈最快只需八十多分鐘，而月球則需要一個月。

這些圍繞地球旋轉的人造衛星不會在轉動過程中被甩出去，也是因為存在萬有引力，可以說**萬有引力就是天體之間相互牽引的隱形「繩子」。**

誰也跑不了！

6

照鏡子是左右顛倒，不是上下顛倒？

眼見也可能為虛。

我們已經知道鏡子成像的原理——光線反射形成的虛像。

為什麼鏡子中的影像看起來左右顛倒，這其實是一種錯覺：我們在鏡子中的像並沒有左右顛倒，例如我左手拿一支筆，在鏡子中那支筆不還是在我的左手中嗎？但如果我們踩在鏡子上，這時鏡子中的影像就會變成上下顛倒。水中的倒影就是一個例子。

當然，平時照鏡子時，我們確實無法得到一個頭朝下、腳朝上的像，這是由光沿直線傳播的性質決定的。

不過，鏡子中的像確實改變了掌性（chirality，又稱手性）。什麼是掌性？

假如你在學校已經學過一點平面幾何，會更容易理解一點。我們在紙上習慣畫的平面直角坐標系（coordinate system）有兩個軸——X軸和Y軸。X軸從左到右，對應的坐標值越來越大；y軸從下到上對應的坐標值同樣越來越大。

現在，將紙上的坐標系翻轉180°，我們會發現X軸還是X軸，箭頭的方向反了；Y軸還是Y軸，箭頭方向不變。我們接著再把它翻轉180°，整個坐標系就又轉回原來的樣子。

現在，伸出你的左手，以豎起的大拇指的指向代表Y軸的正方向，以其餘4指的指向代表X軸的正方向，這樣就會變成「左手坐標系」。

接著，再伸出你的右手，現在X軸的正方向發生改變，X軸的箭頭變成從右向左，而豎起的大拇指的指向代表Y軸的正方向，你就得到了「右手坐標系」。

此時，如果嘗試轉動右手坐標系，你會發現無論怎麼轉，它永遠都不會變成左手坐標系。同樣，左手坐標系也是如此。這就是掌性：左手坐標系和右手坐標系本質上不同，不能透過轉動互相轉變。

沒有比較，就沒有差距。

要掌握一個物體的位置，需要確定兩點：一個是方向，另一個是距離。而人類的眼睛可以說就是為了確定這兩點而設計的。

一般來說，弄清楚方向相對容易一些，但要確定自己與目標物體之間的距離，就相對較難。而且，目標越遠，我們越難確定它的位置。這正如俗話說的：「望山跑死馬。」——明明看到它就在那裡，卻怎麼也走不到。

我們再來做一個簡單的實驗，感受一下：**左手將一支筆豎放在面前，用右手去碰筆尖，這很容易就能做到；閉上一隻眼睛再試，右手就沒那麼容易碰到筆尖。**

筆放得越遠，右手就越難碰到筆尖。這是為什麼？簡單的說，是因為我們兩隻眼睛之間的距離太小，用這個間距來定位更遠的目標是十分困難的。

說了這麼多，現在可以解釋月亮跟著誰的問題。有月亮的夜晚，我們走路時會發現月亮的位置其實並沒有改變，這是因為我們把月亮和周圍事物做比較：我們向前走，周圍的事物就向後退。

　　但由於月亮實在太遠，所以月亮的位置和我們周圍事物的位置相比，就相當於沒有變化，我們才會感覺它一直跟著我們。你如果坐在高速列車上看外面的風景，就會發現情況相似：眼前的景物在後退，遠處的景物卻不動。

8 鐵絲和麻繩一樣粗，為什麼一個硬、一個軟？

知其然，知其所以然。

　　讓我們為提出這個問題的人鼓掌吧！你注意到這個日常現象了嗎？

　　如果注意到了，你有這樣的疑問嗎？問題其實反映了一個人是否在思考。

　　這個問題和物質的結構大有關係。

在科學家發現物質由分子和原子構成之前，人們就知道不同物質的特性不同：有的硬，有的軟；有的易碎，有的堅韌。早在十七世紀，與牛頓同時代的科學家中，有一位叫羅伯特·虎克（Robert Hooke）的科學家，他發現螺旋彈簧的伸長量和其所受的拉伸力成正比（虎克定律，Hooke's law）。

他還利用自製顯微鏡觀察軟木塞薄片，發現了細胞。但那個時候的科學家還不知道物質有硬有軟的原因，於是創造了一些類似於硬度之類的物理量，或者用力推一個物體時，它變形的難易程度之類的說法，來描述和區分物質的不同特性。

科學家發現分子和原子後，很多物理性質就變得很好解釋了。**一樣粗的鐵絲和麻繩，它們的微觀結構並不相同，也就是說原子和分子間排列的方式不同**，所以原子間和分子間的力也不相同。

因此，我們就可以用原子間和分子間的力，來解釋不同物質的硬度差異。

就拿鐵元素來說，它的原子內部有 26 個電子繞著原子核運動，這些電子是分層的，最外層有兩個電子。最外層的兩個電子決定了鐵原子的排列方式：相對整齊，並且原子之間的力很大，因此鐵絲很硬。而麻繩由植物纖維構成，分子結構容易變形，分子之間的力也小得多，所以麻繩比鐵絲軟得多。

　　從微觀角度來說，金剛石比鐵硬，是因為構成金剛石的碳原子排列得比鐵原子更緊湊。有趣的是，同樣由碳原子構成的石墨卻很軟，這是因為石墨中的碳原子呈明顯的分層結構。鉛筆芯的主要成分就是石墨，也正因石墨夠軟，鉛筆才容易在紙上留下痕跡。

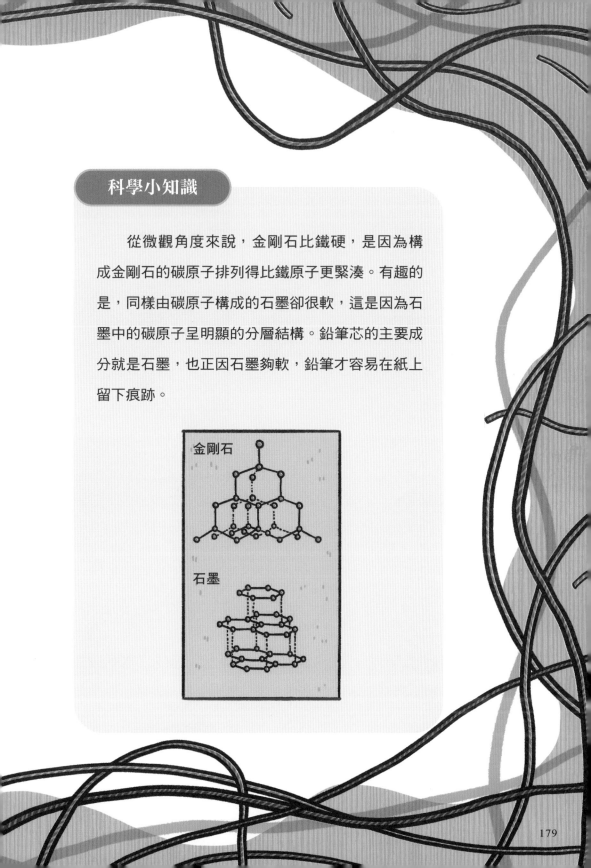

金剛石

石墨

路漫漫其修遠兮，
吾將上下而求索。

發射出去的大多數火箭最後會落回地球。較小的火箭的殘骸會在地球大氣層中燃燒殆盡，較大的火箭燃燒之後的殘骸會落入地球表面。當然，少數火箭不會再落入地球大氣層，例如中國「天問一號」火星探測器由長征五號運載火箭，它的末級殘骸不會落入大氣層——實際上，它已經完全擺脫地球引力，消失在茫茫太空。

為什麼火箭能擺脫地球引力？這就要說到人造衛星飛向太空，所需要的三大宇宙速度。你向空中扔一塊小石頭，石頭在作拋物線運動後就會落到地面上，它的運動距離是有限的。

假設你力大無窮，扔出去的石頭越飛越遠，當這塊石頭一直貼著地球表面運動而不落下來時，我們就說它的速度達到了第一宇宙速度，也就是每秒 7.9 公里。

現在，想像一下你要將一顆衛星送到距離地球大約 400 公里的高度（近地距離），這顆衛星的飛行速度要略低於第一宇宙速度。當然，憑你個人一己之力不可能把衛星送到指定軌道，我們需要的是火箭，無論這艘火箭是幾級火箭（按：級數越大，作用範圍越

廣），它最後一級的速度不能高於第一宇宙速度，它才能落入地球大氣層。

第二宇宙速度是太空梭得以擺脫地球引力束縛的速度——每秒11.2公里。達到此速度的火箭的最後一級，就很難重回大氣層了。第三宇宙速度是太空梭擺脫太陽引力束縛，飛往恆星際空間所必需的速度。由於地球相對於太陽的運動速度是每秒30公里，所以第三宇宙速度實際上是每秒16.7公里。

如果要衝出銀河系、本星系群……人類還需要造出速度更快的太空梭，它們會是什麼樣？

用白色的筆
畫出手的輪廓吧！

看不見並不代表不存在。

　　暗物質我們的確看不見，但或許能找到。這個回答看上去很矛盾：既然看不見，又怎麼找到它們？但仔細想想你就會發現這並不矛盾，因為「看」是就肉眼而言，如果暗物質不發光，我們當然看不見它們，但不被看見並不代表不存在。

　　狹義的暗物質，是指不發光、也不反射可見光的物質；廣義的暗物質，是指不輻射、也不反射包含可見光在內的所有電磁波的物質。因此，我們一般人用肉眼看不到它們。

　　那麼，既然暗物質不發光，科學家又是怎麼判斷它們存在？說起來很簡單，因為**暗物質擁有質量和能量**，它們和其他物質（如恆星）之間存在引力，因此天文學家能「看見」它們。

　　早在 1933 年，瑞士天文學家茲威基（Fritz Zwicky）就發現，由很多星系組成的后髮座星系團的引力非常大，他推測除了星系之外，其中應該存在很多看不見的物質。到了二十世紀下半葉，根據很多相關觀測結果，天文學家發現不僅在星系團中，在銀河系單個星系中，也存在大量暗物質。這些本身不直接發出電磁波的暗物質

總質量，比直接發出電磁波物質的總質量大好幾倍。

除了透過萬有引力推測暗物質的存在，還有哪些方法能確定它們的存在？

科學家做了一些推斷。假設暗物質是存在的，那麼在宇宙誕生之初，它們必定要和其他物質發生相互作用，否則無法存在。

也就是說，除萬有引力之外，暗物質雖然沒有那些我們所熟悉的作用力，但應該還是能透過某些形式的力來作用，只是這些力非常微弱，探測到它們也許要花很長一段時間。

另外，儘管暗物質不直接發出電磁波，但不排除它們會間接發出。近年來，科學家就推測暗物質很可能是一種叫「軸子」（axion）的粒子（按：目前有兩種截然不同的隱形軸子模型被廣泛的討論：DFSZ軸子、KSVZ軸子），它們經過很強的磁場時會輻射電磁波，這樣就有可能探測到暗物質。

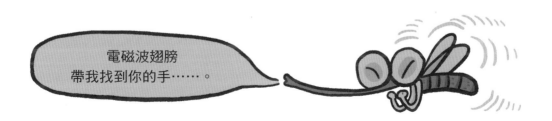

電磁波翅膀
帶我找到你的手……。

11 電線上的小鳥，不會觸電？

有度，
也是丈量科學的標準。

　　我們常見到小鳥站在電線（有時甚至是高壓線）上休息，這看上去的確有點不可思議。要懂其中的道理，先要了解關鍵的一點，也就是**產生電流的首要條件——電位差**，例如一節乾電池正極和負極的電位差是 1.5 伏特（volt）。導線中之所以有電流，是因為導線屬於電的良導體，電阻極小，所以產生電流的第二個條件，就是導體的電阻不能太大（電阻越大，電流越小）。

　　現在，再來看小鳥站在電線上不會觸電這個現象。儘管電線中的電流很強，但小鳥並沒有和地面接觸，牠的兩隻爪都抓在同一根電線上，因此牠的身體感受到的電位差，就是兩爪之間微弱的電位差，甚至遠小於一節乾電池的電壓。

　　從另一個角度來看，小鳥身體的電阻比牠兩爪之間導線的電阻大得多，因此通過小鳥身體的電流遠遠小於電線中的電流，甚至小到可以忽略不計。這種情況下，小鳥可能連麻都感覺不到，所以才能悠閒的站在電線上小憩。

　　同樣是生物，反觀我們人類，如果一不小心在家中觸電，輕則

受傷，重則危及生命。當然，現在的家用電器、插頭和插座等常用物品的安全性能都大大提高了，大家在日常生活中也不太會接觸帶有較高電壓的電線。

那麼，人為什麼不能像小鳥一樣觸碰電線而安然無恙？這是因為人腳踩地面，地面的電位是 0 伏特，而**人碰到電線時，手和腳之間形成電流通路，電位差高達 110 伏特**。人體雖然不是電阻很小的良導體，但也可以導電，於是人體中就會流過電流。

電流主要以兩種方式損害我們的身體：第一種是電流干擾正常的生物電信號後，使我們的心臟、神經系統和呼吸系統受到損傷，觸電的人通常會感到觸電部位發麻，並出現不受控制的肌肉抽搐，以至於觸電的肢體無法擺脫電線；第二種是電流的熱效應導致身體被燒傷。所以，一定要注意安全用電！

嚇我一跳！

12 為什麼電池都成對使用？

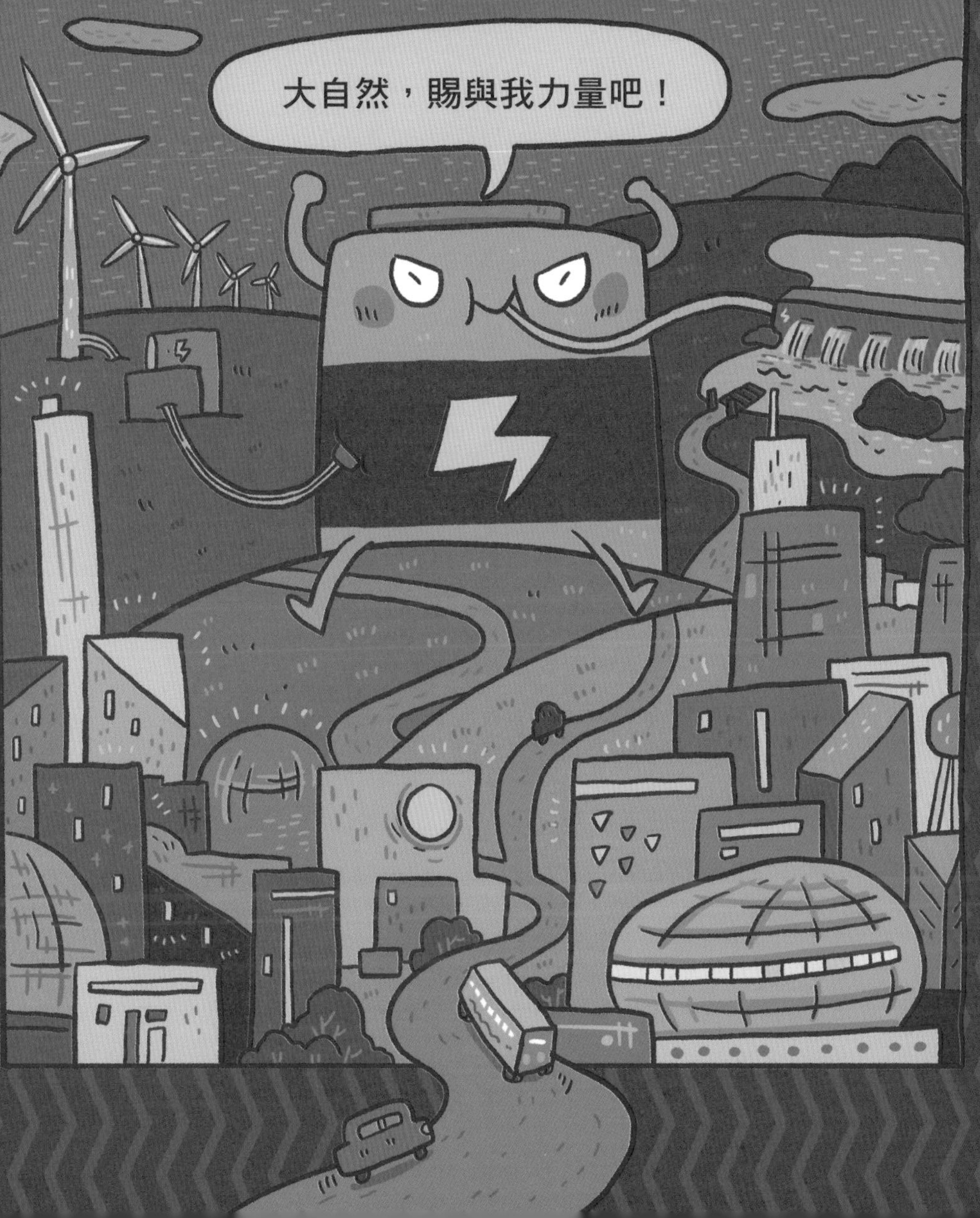

1＋1＝2
可不僅是簡單的算術題。

這裡的電池應該是指乾電池，這個問題和乾電池的容量有關，也就是乾電池在一定條件下能釋放多少能量。但不要忘了還有電壓。我們日常用的乾電池標準電壓是 1.5 伏特，採用這一標準的原因，一是因為傳統，二是與科技水準有關。

以家用電器的遙控器為例，裝兩節乾電池不是為了獲得更大的容量，而是為了將兩節乾電池串聯起來，獲得更大的電壓：一節乾電池電壓是 1.5 伏特，兩節串聯起來提供的電壓就是 3 伏特。如果需要更高的電壓，就要將更多的乾電池串聯起來。所以，**乾電池不一定成對出現，需要多少乾電池與產品的工作電壓有關。**

接著，我們再來介紹電壓和電池容量的主要差別。以手電筒為例，假如手電筒需要的電壓是 3 伏特，那麼它需要 2 節乾電池，乾電池容量大的話，使用的時間就長一點，容量小的話，使用的時間就短一點。但如果只用一節乾電池，提供不了那麼高的電壓，那麼不論它的容量是多少，手電筒都無法使用。

那麼，工程師為什麼不設計一種可以直接提供 3 伏特電壓的乾

電池？這可不是一件容易的事，因為單節乾電池的電壓不是想要多高就有多高，它與電池正負極的材料有關。

　　舉一個也許不是最科學，卻很具體的例子。人的身高不是想長多高就長多高，多半與遺傳基因有關，因此不論吃多少、怎麼鍛煉，人的身高都無法達到 3 公尺。

　　現在，電池種類越來越多，例如筆記型電腦和電動汽車用的鋰電池。這種電池的優勢是可充電、容量大、使用壽命長。

　　而我們也可以預見，未來科學家將發明出越來越多功能強大、性能優越的電池。

當世界變得更複雜時，
它也更有趣了。

　　「刷臉」是一種通俗說法，其實指的是人臉辨識（Facial Recognition）。這種技術說複雜也複雜，說簡單也簡單。說它複雜，是因為製作臉部辨識機器很複雜。可是一旦機器做好，不論什麼人都可以刷臉，是不是又可以說它很簡單？

　　其實，臉部辨識的原理和刷卡的原理類似，都需要預先在機器裡存儲相關資訊。在人刷臉的時候，機器會將檢測到的人臉資訊和已存儲的資訊進行比對，兩者一致，人就可以通過。

　　儘管地球上七十多億人，沒有兩個人的臉是完全一樣的，但刷臉的準確性和安全性並不高。這是因為機器裡存儲的臉部資訊不外乎臉的輪廓、五官形狀和它們的相對位置，這些資料還沒有我們手指指紋的資料來得複雜和可靠。

　　倒是有一種比人臉識別和指紋識別更安全的技術──**虹膜辨識技術**。虹膜是環繞瞳孔的一層薄膜，人的虹膜在胎兒時期就開始發育，一旦發育就終身不變，並且每個人的虹膜都是獨一無二的。不過，虹膜辨識技術的開發成本比較高，因此還沒有那麼普及。或許

也是因為虹膜辨識技術要求很高，完成識別需要幾十秒的時間。可見，想讓電影中那種快速掃一下虹膜就進入實驗室的場景變成現實，恐怕還需要再等了。

今天更為常見的，是行動條碼（ QR Code ，屬二維條碼的一種）掃描技術。

這種技術也很安全，因為二維碼都是隨機生成，每個都不一樣。二維碼得以普及的另一個原因，是它比之前的一維碼（條碼）多了一個維度，可以處理更多的資訊，應用範圍也更廣。也許將來還會有三維碼、四維碼⋯⋯它們會以什麼形式出現？會是立體的嗎？又將具有什麼樣的新功能？讓我們拭目以待吧！

14

為什麼會有南極和北極？

有時候偏差
會帶來意想不到的結果。

只要地球繞著太陽轉，就有南極和北極。

地球繞著太陽轉（公轉）的軌道是橢圓形的，這條軌道所在的平面即公轉軌道平面，也叫黃道面（plane of the ecliptic）。

既然地球是一個球體，按理說，公轉過程中，地球正對著太陽且離太陽最近的地方接收到的陽光最多，也最熱，這個區域就應該是赤道？而不會被陽光照射到的區域，應該就是南極和北極吧？

但是不要忘了，除了繞日公轉，地球本身還會傾斜自轉。為了方便說明，人們將地球假想的自轉軸稱為地軸：就自轉而言，軸的兩個端點是不動的，它的北端與地表的交點就是北極，南端與地表的交點就是南極。

當然，這裡還要引出一個概念，就是天球（Celestial sphere）──古人認為地球之外的天是一個大圓球，地球在這個圓球中心，日月星辰都掛在「球幕」上。

後來，人們把天球定為一個以觀測者為中心、半徑無限大的假想圓球，用以研究天體位置和運動。地軸指向天球球幕上北極星附

近的一端就是北（地球的北半球和北極由此而來），另一端所指的方向就是南（地球的南半球和南極由此而來）。

　　由於地球在自轉時是傾斜的，與南北極相垂直的赤道面和黃道面並不重疊，兩者之間的夾角約為 23°26'（黃赤交角）。也正是這個夾角的存在，使地球上不僅有四季更替現象，南北兩極還有極晝、極夜現象。

　　既然地球兩端的南極和北極是地軸與地表的交點，按理說地表上的這兩個點並不會因地球自轉移動。

　　然而，事實並非如此，**人們經過長期觀測發現，這兩個極點也在緩慢的移動，**這種現象被稱為極移（polar wandering），可能與大氣運動和海洋運動，以及地球內部流體物質的運動有關，而極移也會反過來影響地球氣象和地質變化。

　　此外，我們已經知道，除了地球兩端的南極和北極以外，地球磁場也有南極和北極。有意思的是，**地球磁場的南極和北極也不是一成不變，會在幾十萬年間發生一次逆轉，**只不過科學家目前還不知道為什麼會出現這種現象。

15 怎樣才能獲得諾貝爾獎？

要讓追求真理成為原動力！

這恐怕是最難回答的問題了。為什麼？因為它並沒有一個確切的答案。

你想想，如果有標準答案，那豈不是可以大量「生產」諾貝爾獎得主了？

曾有一本講述有關諾貝爾獎各種趣聞的書，書中有一個觀點是這樣的：

諾貝爾獎得主之間，具有一種馬太效應（Matthew effect，也就是強者更強、弱者更弱的社會現象）。如果你仔細調查一下所有諾貝爾獎得主的背景就會發現，其中很多獲獎者的老師或者老師的老師曾獲得過諾貝爾獎，例如諾貝爾化學獎得主拉塞福的學生中，就有 6 位諾貝爾獎得主。

這麼說來，如果你想獲獎，最好師承一位諾貝爾獎獲得者。這當然是開玩笑，顯然也有很多諾貝爾獎獲得者並沒有獲獎的老師，例如中國的屠呦呦[1] 和莫言[2]。我相信隨著科學技術的發展，會有更多的亞洲人獲得諾貝爾獎。

　　或許對小朋友來說，談及獲得諾貝爾獎為時尚早，但這並不影響我們鑽研問題——前提是要下苦功，找到自己感興趣或擅長的領域，學習並掌握相關知識。

　　我常說的一句話是：最好將知識融入自己的血液。我們還要學會提問題，尤其是那些看似沒有現成答案的問題。

　　物理學家理查・費曼（Richard P. Feynman），有個好習慣——即使問題有現成答案，他都還是會尋找不一樣的答案，這樣才有可能獲得出乎意料的驚喜。

　　實際上，獲獎不是科學研究的目的，尋找科學問題的答案以及經歷研究過程，才能讓人不斷前進。希望你能真正理解我所說的這些話。

1. 中國首位諾貝爾醫學獎獲獎者，她從古典中醫文獻中研發出對抗瘧疾的青蒿素。
2. 中國首位諾貝爾文學獎獲得者，長篇代表作有：《生死疲勞》、《檀香刑》等書。

⑯ 科學家是什麼時候成為科學家的？

要讓追求真理成為原動力！

　　北宋文學家蘇軾曾說：「人生識字憂患始。」不過，或許你可以這麼說：「人生識字好奇始。」

　　你可能問過這些問題：雲為什麼能飄在天上？落下的雨滴為什麼沒有砸破我們的腦袋？無人機為什麼能飛起來？太空站怎麼運載太空人？

　　這樣一路問下去，直到有一天你發現小學知識不夠用，隨後中學知識也不夠用，你得去大學裡學更多的知識了。

　　上大學以後，你會在自己的專業領域接著探尋越來越難、越來越高深的問題的答案。為了尋找答案，你可能會選擇繼續讀下去，甚至在獲得博士學位後去做博士後研究員，再到大學或研究所當老師或研究員。

　　當一個人開始鑽研並試圖回答那些困擾他的科學問題時，他就成了一名科學工作者。當這個人的研究成果得到了廣泛認同，且做出了突出貢獻時，他就稱得上是一名科學家。**而這一切的起點正是提出一個好問題，就像這本書正在做的。**

　　如果你要聽真實的例子，那我就來說說自己的經歷。16歲那年我就上了大學（比一般人早一點），20歲就從北京大學畢業，我接著攻讀碩士學位，後來25歲獲得了博士學位。

　　一位 25 歲的科學家在幾百年前是很常見的（例如牛頓，他的偉大理論——微積分、萬有引力、光學分析都是在他二十多歲時提出的），甚

至早在一百多年前，愛因斯坦提出相對論並解釋光電效應時也才 26 歲。

但在科技發展日新月異的今天，年輕人要想取得牛頓、愛因斯坦那樣的成就幾乎不可能，即使得到一些具有獨創性的研究成果也並不容易。我覺得 25 歲的自己還沒有成為科學家，於是又做了幾年博士不斷研究，在取得一些成果以後，我才覺得自己踏入了科學家行列。

不管怎麼說，成為科學家雖然難卻很有趣。正在尋找答案的你，願意試試嗎？

給 30 年後的我……

 創作者訪談一：李淼

1 物理學家是怎麼看待世界的？

如果說物理學家看待世界的方式與眾不同，就是他們認為所有事情的發生有多個原因，並且原因是相關的。

2 作為老師，什麼樣的問題算是一個好問題？

我認為，可以引出更多問題的問題就是好問題。就像我們這套書收錄的許多問題，不僅能讓讀者獲得答案，同時也能拓展思路。

3 對書中哪些問題，印象最深刻？為什麼？

我對「太陽能被水澆滅嗎？」這個問題印象最深刻，這個角度可是科學家想不到的。這也讓我拋開科學家的身分，去探索孩子的世界。想知道答案嗎？去書中找找看吧（按：請見另一本《這是一個好問題 2：那會怎麼樣》）！

4 寫這套書時，最開心的是？

除了因解決一個個腦洞大開的問題，而獲得的成就感，我最開心的是，看到插畫家垂垂創作的一幅幅妙趣橫生的插圖。

5 小時候最關心哪些問題？有沒有腦洞大開的時候？

我小時候幾乎對所有事情都感興趣，尤其是和日常生活相關的事，例如，未來的家具會不會都是塑膠？當然，這樣的期待可說是大錯特錯。不過，塑膠家具會帶來哪些便利和不便？這樣一想，它也算是一個引人想像的好問題吧！

6 請對不愛讀科普書的孩子說些什麼吧！

讀讀這套書吧！看看別人怎樣觀察和思考身邊的事物，想像遙遠的宇宙未來，或許會對你有所啟發。你會發現，科學並不只有難懂的原理和複雜的公式，還有好玩、神奇的現象和令人豁然開朗的答案。當你了解了某條科學規律，並試著用它解決了實際問題後，會產生一種滿足感。保有這份滿足感，讓它帶你走進科學的世界，我保證一定十分值得。

創作者訪談二：垂垂

1 **在這套書中，也有你提的問題？**

我代表小時候的自己提了兩個問題：「魚為什麼很少被閃電擊中？」和「流星能不能是貓的樣子？」（按：請見《這是一個好問題2：那會怎麼樣》）。不知道有沒有讀者和我有類似的困惑？

2 **書中還有哪些印象最深刻的問題或回答？為什麼？**

「怎麼讓假期變長？」（按：請參考《這是一個好問題2：那會怎麼樣》）這個問題我很喜歡，它讓我瞬間打開思路──如果真有辦法，我會怎麼度過假期？假期裡我家的貓會長大嗎？多長的假期才算長？看來，能引發更多問題的問題，的確是好問題（好像繞口令）。

3 **畫中有大量精心設計的插畫細節，請介紹一下。**

每個問題我都花心思做了許多設計，細節上最明顯的就是作

者淼叔的頭像；頭像一開始是照著淼叔的照片畫，後來我發現將頭像和問題結合，可以讓背景元素更有一致性，並且與內容互相呼應，感覺就像淼叔站在大家面前回答問題一樣！

4 創作的過程中，有沒有什麼好玩的事？

說到好玩，記得我在「如果有一天，手機不是長方形……」的插畫過程中，大家一起腦力激盪，設計了好多日常生活中不可能出現的手機，例如透明的手機、三角鏢運動手機、星形手機，以及多人一起使用的手機等，還認真的假想了販售價格和付款人數。畫得非常過癮！

5 作為這套書的創作者兼第一讀者，想對讀者說些什麼？有沒有腦洞大開的時候？

說實話真不敢想像，我畫了這麼多好玩的插畫！對我來說，書中的很多問題本身就是真知灼見，例如「宇宙爆炸會發出巨響嗎？」（按：請參考《這是一個好問題2：那會怎麼樣》）、「鏡子是什麼顏色？」。我還喜歡淼叔頭像旁邊的金句。不管怎樣，大膽提問吧，問出你感興趣的問題，說不定你會得到意想不到的答案！希望讀到這套書的每一個人都能有所收穫！

dri11　022

這是一個好問題 1：這是為什麼

科學素養，不僅由答案引領，更由問題驅動。喜歡問問題，答案就變簡單了！

作　　　　者／李　淼
插　　　　畫／垂　垂
責　任　編　輯／黃凱琪
校　對　編　輯／林盈廷
美　術　編　輯／林彥君
副　總　編　輯／顏惠君
總　　編　　輯／吳依瑋
發　　行　　人／徐仲秋
會　計　助　理／李秀娟
會　　　　計／許鳳雪
版　權　主　任／劉宗德
版　權　經　理／郝麗珍
行　銷　企　劃／徐千晴
業　務　專　員／馬絮盈、留婉茹、邱宜婷
業　務　經　理／林裕安
總　　經　　理／陳絜吾

國家圖書館出版品預行編目（CIP）資料

這是一個好問題1：這是為什麼：科學素養，不僅由答案引領，更由問題驅動。喜歡問問題，答案就變簡單了！／李淼著；垂垂繪. -- 初版. -- 臺北市：任性出版有限公司，2023.12
208 面；17 × 23 公分. -- （dri11；022）
ISBN 978-626-7182-37-6（平裝）

1.CST：科學　2.CST：通俗作品

300　　　　　　　　　　　112015536

出　　版　　者／任性出版有限公司
營　運　統　籌／大是文化有限公司
　　　　　　　　臺北市 100 衡陽路 7 號 8 樓
　　　　　　　　編輯部電話：（02）23757911
　　　　　　　　購書相關資訊請洽：（02）23757911　分機122
　　　　　　　　24小時讀者服務傳真：（02）23756999
　　　　　　　　讀者服務E-mail：dscsms28@gmail.com
　　　　　　　　郵政劃撥帳號：19983366　　戶名：大是文化有限公司

法　律　顧　問／永然聯合法律事務所
香　港　發　行／豐達出版發行有限公司
　　　　　　　　Rich Publishing & Distribution Ltd
　　　　　　　　地址：香港柴灣永泰道 70 號柴灣工業城第 2 期 1805 室
　　　　　　　　　　　Unit 1805, Ph.2, Chai Wan Ind City, 70 Wing Tai Rd, Chai Wan, Hong Kong
　　　　　　　　電話：2172-6513　傳真：2172-4355　E-mail：cary@subseasy.com.hk

封　面　設　計／禾子島
內　頁　排　版／黃淑華
印　　　　刷／鴻霖印刷傳媒股份有限公司

■ 2023年12月初版
ISBN 978-626-7182-37-6
電子書 ISBN　9786267182451（PDF）
　　　　　　　9786267182444（EPUB）

Printed in Taiwan
定價／新臺幣 390 元
（缺頁或裝訂錯誤的書，請寄回更換）